直下型地震

どう備えるか

島村英紀

花伝社

直下型地震——どう備えるか◆目　次

第4章 日本で起きた内陸直下型地震……95

まえがき

二〇一一年三月一一日に東日本大震災が起きてから、この本の執筆時までに一年がたとうとしている。しかし、死者・行方不明者が二万人近い大災害を起こした、この東北地方太平洋沖地震について、日本人は早くも関心が遠ざかっているのではないだろうか。

あれだけの大地震を受けて、立ち止まってじっくり考えること、そして将来も襲って来るに違いない次の大地震に、なにを、どう備えればいいのかを考えることこそが大事なのだろうが、それら必要なことが、東北地方太平洋沖地震によって引き起こされて、まだ収束にはほど遠い東京電力福島第一原子力発電所の事故の陰に隠れてしまおうとしているのではないか。それを地震学者として怖れている。

じつは一九九五年に起きた阪神・淡路大震災のときもそうだった。地震は一月一七日に起きて、六四〇〇人以上の犠牲者を生むという、日本では約七〇年ぶりの震災が起きた。しかしそのすぐあと、その年の三月にはオウム真理教教団が起こした地下鉄サリン事件、そして一二月に福井県にある高速増殖炉の原型炉「もんじゅ」でナトリウム漏洩という重大事故があり、当時の動燃（いまの核燃料サイクル開発機構）の事故隠しもあって大きなニュースになって、地元や関係者以外の多くの日本人は、地震のことから関心が遠ざかってしまった。

この本に書いたように、日本列島のどこを、次に地震が襲うかは分からない。

しかし、震災と地震とは別のものだ。地震は、日本人が日本列島に住み着くはるか前から繰り返し起きてきた自然現象であり、震災は、そこに人間社会があってはじめて起きる、いわば社会現象である。つまり震災は地震と社会の接点で起きる出来事なのである。

自然現象としての地震はこれからも襲ってくる。それを避ける方法はない。人類が起こるべき地震を制御することも不可能である。だが震災は、備えがあれば、小さくも、また防ぐこともできるはずのものだ。

この本にも書いたように、あいにくなことに、いままでの震災の歴史は、地震の歴史のあとを追いかけてきた歴史でもあった。大地震のたびに、いままではなかった災害が生まれてきたのである。

今回も、原発震災という、いままでに警告されながらも備えが不十分だった原子力発電所が破壊された事故が起きてしまった。その事故の収束はいまだ見えず、解決には途方もない時間がかかる。

今度襲って来る大地震のときに、それが大きな震災を生まないですむような備えが出来るかどうか、そこに人間の知恵が試されているのである。

第1章 東北巨大地震とはどんな地震だったのだろう

1 日本を襲う地震は二種類——海溝型と内陸直下型

日本を襲う大地震には、大まかに分けると二つのタイプがある。「海溝《かいこう》型」と「内陸直下型」である。

二〇一一年三月一一日に起きた東北地方太平洋沖地震は海溝型だった。死者・行方不明者約二万人という大災害を生んでしまった東日本大震災を起こした地震である。

直下型には一九九五年一月一七日に起きた兵庫県南部地震がある。阪神・淡路大震災を生み、六四〇〇余人の犠牲者を生んだ。

「海溝型」地震は、起きる場所も、起きるメカニズムも、かなり分かっている地震だ。

一方、「内陸直下型」地震は、メカニズムが多様なうえ、日本のどこを襲っても不思議ではない地震である。そのうえ直下型ゆえに、巨大地震ではないマグニチュードが7程度という地震でも、大震災を起こすことがある。

海溝型の地震はプレートが衝突している場所である海溝を舞台にして起きる。世界でも最大級の地震、つまりマグニチュード8を超える地震はどれも、この海溝型地震として起きてきた。

地球をタマゴにたとえたとき、ちょうどタマゴの殻の厚さくらいの硬い岩が、地球の表面を覆っている。これがプレートだ。実際の厚さは七〇から一五〇キロほどある。

地球がタマゴとちがうことは、このプレートがタマゴの殻のようにひと続きのものではなくて、いくつかに割れていることだ。大きな殻は七つあるが、そのほかに小さい殻が何十とある。大きな殻には、ヨーロッパ大陸とアジア大陸の両方が載っているユーラシアプレートとか、太平洋のほとんど全体の海底を作っている太平洋プレートとかがある。これらのプレートのさしわたしは一万キロを越える。

ユーラシアプレートには、ヨーロッパからシベリア、そして中国や朝鮮半島まで載っている。しかし、こんな巨大なプレートといえども、地球の中に深い根をはっているわけではない。アルプスもヒマラヤもプレートの上に載っているわずかな凸凹にすぎないのである。

小さい殻には、日本のすぐ南にあるフィリピン海プレートとか、イランで地震を起こすアラビアプレートがある。これらは、さしわたしが二〇〇〇～三〇〇〇キロの大きさしかない。だがプレートが小さいから、そのプレートが起こす地震が小さいわけではない。

フィリピン海プレートは、プレートとしては小さいものだが、恐れられている東海地震は、このプレートが起こすものだと考えられている。

プレートは巨大なものだから、その動く速さはけっして速くはない。人間の爪が伸びるくらいの速さで動いている。速いものでも年に一〇センチ、遅いものでは一センチといったものだ。太平洋プレートは年間に約一〇センチ、フィリピン海プレートは約四センチほど動いている。

プレート同士が衝突する海溝型地震は、日本をはじめ、太平洋のまわりの各国やインド洋の北東端で起きる。海底で生まれた海のプレートと大陸を載せた陸のプレートが衝突する、その衝突が地震なのである。

海溝とはその名の通り、海の底に長く這っている溝状の地形である。たとえば日本海溝は房総半島の東南の沖から、北海道襟裳岬の沖まで伸びている。海溝より東側では、海の深さはおおむね五五〇〇メートルほどで、平らな「海盆《かいぼん》」という海底地形が太平洋のはるか先まで続いている。しかし海溝ではもっと水深が深く、その深さは七〇〇〇メートルから、ときには九〇〇〇メートルを超える。

このように海溝が溝状になるのは、北米プレートと衝突した太平洋プレートが、海溝から東北日本の地下、そしてその先は日本海の地下深くへ潜り込んでいっている「最前線」だからなのである。フィリピン海プレートとユーラシアプレートが衝突している海溝も同じように溝状になっている。

そして、海溝型地震としては、ときにはマグニチュード9や、それを超えるほどの超巨大地震も起きる。

2　マグニチュードからモーメント・マグニチュードへの切り替えは情報操作？

じつは気象庁が伝統的に採用してきた「気象庁マグニチュード」では、マグニチュードの数値の上限は8・3か8・4で頭打ちになる。つまり、それ以上大きな地震でも、気象庁マグニチュードでは区別がつかないのである。

東北地方太平洋沖地震のとき気象庁は、はじめは気象庁マグニチュードで7・9と発表したが、地震一時間後の一六時直前に8・4と訂正していた。

それだけではない。地震の約三時間後の一七時三〇分に、気象庁マグニチュードではない、別のマグニチュードの物差し「モーメント・マグニチュード」を採用して、東北地方太平洋沖地震のマグニチュードを8・8とした。モーメント・マグニチュードはそれまでは学者の間でしか使われてこなかった物差しで、気象庁としては使わないと公言してきたマグニチュードの物差しである。

じつはマグニチュードとは、ものの長さをセンチで測ったり、重さをキログラムで測るような絶対的な物差しではない。ひとつのマグニチュードの数値だけで地震の全貌を表すのは不可能なので、「表面波マグニチュード」「実体波マグニチュード」「津波マグニチュード」など、七通りもの別々のマグニチュードがあるほどなのだ。

モーメント・マグニチュードは、地震計に記録された地震の振幅から決める気象庁マグニチュードとは違い、「地震の震源で、どのくらい大きな地震断層が、どのくらいの長さで滑ったか」を解析して求めるマグニチュードだ。どんな大きな地震でも数値が飽和しない、つまり大きな地震のスケールがちゃんとわかるというのが特長である。

しかし、気象庁のこの発表文のどこにも、モーメント・マグニチュードのことは書いていない。

さらに三月一三日、つまり地震から二日後の一二時二二分の気象庁発表で、マグニチュード9・0に変更された。

そして、この気象庁のメディア向けの発表文に初めて、モーメント・マグニチュードが出てくる。しかし、文字は発表文よりも一段と小さく、しかも一行だけだった。気象庁の発表に立ち会ったのは国内の大手メディアだけが参加できる記者クラブの記者たちだったが、このことについての質問も出ず、この重大な変更についての記事も出なかった。「想定外」「空前のマグニチュード9」という報道だけが流れたのであった。

じつは、かねてから気象庁内部では、気象庁マグニチュードのほかにモーメント・マグニチュードも計算してきていた。それは、北西太平洋やインド洋で発生する大地震と、それによる津波について気象庁から関係国に情報を提供してきたが、このときに、気象庁マグニチュードでは国際的に通用しないし、津波予測に適していなかったからである。

東北地方太平洋沖地震ではその数値を援用して、モーメント・マグニチュードの数値が国内の一般向けとして、気象庁としてはじめて発表されたものだった。

この三回にわたるマグニチュードの引き上げは、この地震が「想定外の巨大地震だった」ということを印象づける情報操作ではないかと思われる。

それは三月一一日地震当日の一六時三六分に福島第一原子力発電所一号機で冷却装置の注水が不能になり、また三月一二日の一五時半ごろ福島第一原発一号機が水素爆発していて、マグニチュードの段階的な引き上げが、あまりにこれらの事件と符合しているからである。

なお気象庁は、その後に起きた地震のマグニチュードは、また元の気象庁マグニチュードに戻している。

ところで日本エントロピー学会が気象庁に「東北地方太平洋沖地震のマグニチュード表記の変更経緯についてご教示いただけると幸いです」と質問状を送ったが、気象庁は答えなかった。

しかし、もし気象庁がモーメント・マグニチュードを大地震に適用するのなら、いままで通用してきて、すでに流通されたり引用されているマグニチュードを見直す必要がある。

たとえば過去の大地震、西暦八六九年に起きて、今回のように津波が宮城県の海岸から五〜六キロも入ったことが分かっている貞観《じょうがん》地震はマグニチュード8・3とされているが、このマグニチュードも、もっと大きい可能性がある。また、マグニチュード8・4に耐える設計になっているはずと言われている中部電力の浜岡原子力発電所が、将来、モーメント・マグニチュードではもっと大きい地震に襲われて、「またも想定外の地震」に襲われることになりかねない。

ともかく超巨大地震のひとつとして、東北地方太平洋沖地震はモーメント・マグニチュードでは9のものだったし、世界的にはチリ地震（一九六〇年、マグニチュード9・5。これもモーメント・マグニチュード。以下同じ）やアラスカ地震（一九六四年、マグニチュード9・2）やカムチャッカ地震（一九五二年、マグニチュード9・0）などが起きた。この半世紀に五つもの超巨大地震が起き、その場所は、スマトラ沖地震（二〇〇四年、マグニチュード9・3）以外は環太平洋地域だった。このいずれもが海溝型地震である。

このプレートの衝突の現場、つまり海溝型地震が起きる場所は、日本の場合、日本の太平洋岸沖と、北日本の日本海岸沖の二個所だけに限られている。

太平洋岸の沖のうち西南日本の太平洋岸沖では、東南海地震（一九四四年、気象庁マグニチュード7・9）、南海地震（一九四六年、同マグニチュード8・0）が起き、そのほか、静岡沖を震源する東海地震が起きるのではないかと思われている。これらはいずれも、海溝型のマグニチュード8クラスの巨大地震で、フィリピン海プレートと、西南日本を載せているユーラシアプレートとの衝突で起きる。このほかに、この地域は過去たびたび巨大地震や超巨大地震に襲われている。

一方、東北日本の太平洋岸沖では、十勝沖地震（一九六九年、気象庁マグニチュード7・9）や昭和三陸地震（一九三三年、気象庁マグニチュード8・1、学説によっては8・4）や二〇〇三年の十勝沖地震（気象庁マグニチュード8・0、学説によっては8・3）が起き、東北地方太平洋沖地震も起きた。これらは、太平洋プレートと、東北日本を載せている北米プレートとの衝突で起きた。

そのほか、北日本の日本海岸沖では、北海道南西沖地震（一九九三年）、日本海中部地震（一九八三年）など、マグニチュード8よりも少し小さいが、マグニチュード8クラスに近い地震が起きた。これらはユーラシアプレートと北米プレートの衝突で起きる海溝型地震である。この二つのプレートの衝突は、ほかの衝突、たとえばユーラシアプレートとフィリピン海プレートの衝突や、北米プレートと太平洋プレートの衝突よりも、地球の歴史では新しく始まった衝突だと思われている。

3　海溝型地震は繰り返す

海溝型地震にせよ、内陸直下型地震にせよ、地震の現場でどんな現象が起きて、それが地震になるのかが正確に分かったのは、それほど前のことではなく、約半世紀ほど前のことだった。

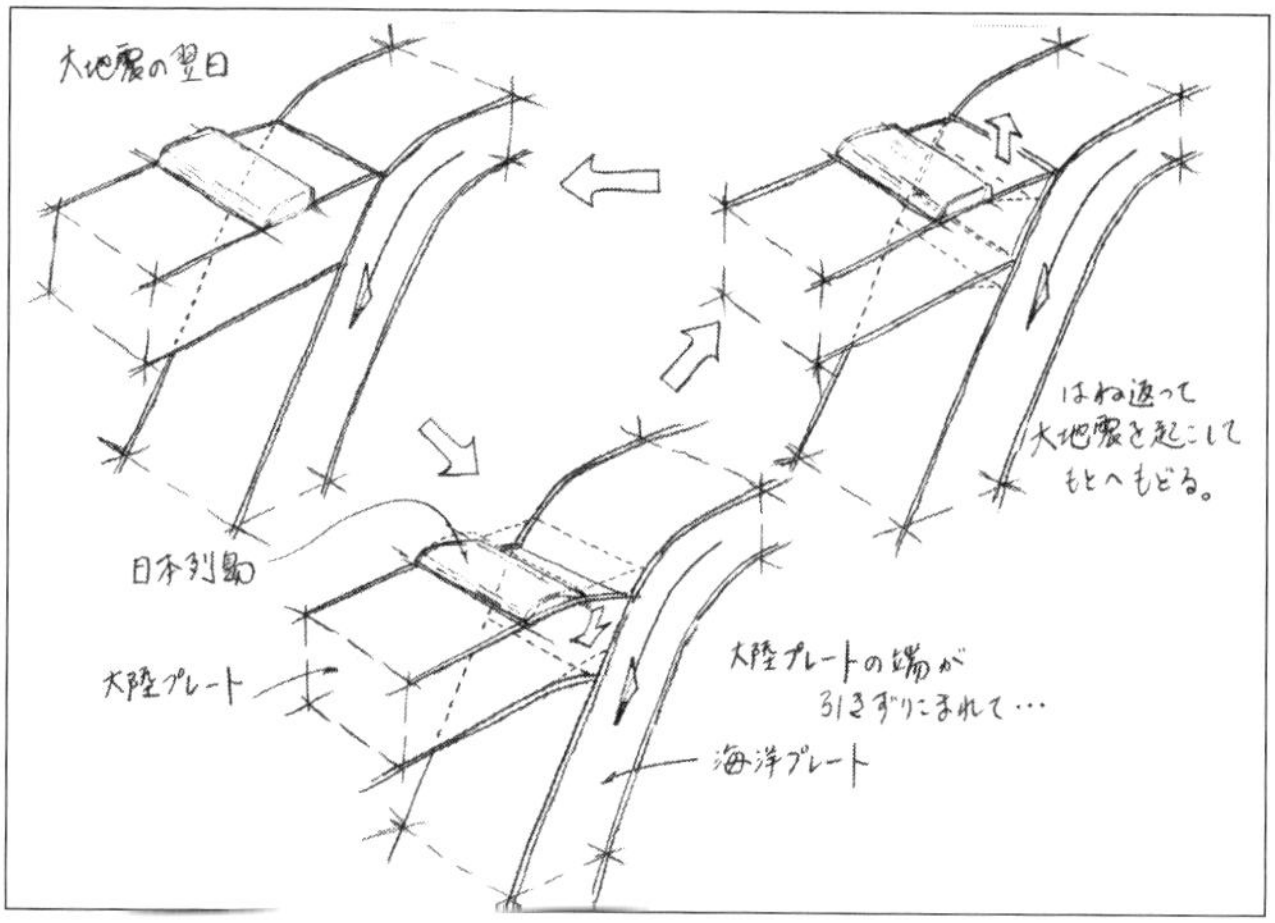

図１：海溝型地震の繰り返し

これは物理学の発見としてはずいぶん遅いもので、たとえばニュートン力学の発見やX線の発見よりも、はるかにあとのことだ。

それによれば、「地震断層《だんそう》」というものが滑って地震を起こしていたのである。断層とは岩の中にある割れ目だ。ひとつながりだった岩が割れて、割れ目を境にしておたがいに滑ることが、つまり地震なのである。ひとつながりの岩ではなくても、別の岩どうしの境が滑るのも地震断層になる。

こういった地震を起こす地震断層（震源断層ともいう）は陸にも海底にもあるが、海溝で押しあっているプレートとプレートの境は、世界でもいちばん大きな地震を起こす断層なのである。

ところで、その地震は繰り返す。一度、断層が滑り大地震が起きても、それで終わりではない。プレートは、年に数センチという速さで動き続けている。海底では、大地震が起きた次の日から、その次の大地震を起こす準備が早くも始まっているのだ。

断層はプレートが動いていてもしばらくガマンをしているが、やがてガマンしきれなくなると、また滑って大地震を起こす。

二回や三回ではない。たとえば太平洋プレートは約二億年ものあいだ動き続けていることがわかっているから、地震は何十回も何百回も、いや、気の遠くなるほどたくさん同じようなものが繰り返してきているのである。

次のエネルギーがたまるまでの期間は、数十年とか百数十年というのが海溝型の大地震には多い。「天災は忘れたころにやってくる」という名言も、この時間間隔から生まれたのである。

また、まだ学問的に確かめられたのではないが、東北地方太平洋沖地震のような超巨大地震は五〇〇年とか一〇〇〇年の間隔で繰り返すのではないかと考えられる。マグニチュード8クラスの海溝型地震が繰り返しているうちの何回かに一度かが、マグニチュード9クラスの超巨大地震になるのではないか、というのである。

ところで、海溝付近で起きる海溝型地震には、専門的に言えば「プレート境界地震（あるいはプレート間地震）」と「プレート内地震」とのふたつがある。

起きる場所としては、ともに海溝近くで起きるが、一九六八年の十勝沖地震（マグニチュード7・9）がプレート境界地震で、大津波を起こした三陸地震（一九三三年、学説によりマグニチュード8・1〜8・4）がプレート内地震である。ふたつの区別はプレートの押し合いの結果のプレートの壊れかたが違う。

しかし、まぎらわしいことには、「プレート内地震」とは、海溝付近で起きるもののほかに、たとえば一〇万人以上の犠牲者を生んだ四川大地震（二〇〇八年、マグニチュード7・9）のように中国大陸の内部で起きる地震など、プレートが衝突していないところに起きる地震も含めた地震の名前なのだ。日本で起きる直下型地震、たとえば兵庫県南部地震もプレート内地震なのである。

このため、この本では、海溝付近で起きる大地震をまとめて「海溝型」地震と呼んでいる。海溝型地震とはプレートの押し合いが直接の原因になって海溝の近くで起きる地震の総称で、その先の区別である、プレートの押し合いの結果、最後にどういう壊れ方をするかは、地震学者にとっては関心がある問題だが、一般の人たちから見れば重要ではない枝葉のことだからである。

内陸直下型地震というのは、じつは学問的な用語ではなくて、メディア（マスコミ）が作った言葉である。地震学者としての私はそのネーミングに感心しているのだが、学会ではその用語を認めておらず、「プレート内地震」のひとつとして扱われている。

しかし、「プレート内地震」には直下型ではなくて深いところで起きる地震も含まれる。直下型という絶妙の名前を学術的には使わないで、まぎらわしくてもプレート内地震に固執するという意地を張っているのである。この本では意地は張らず、分かりやすい言い方を通したい。

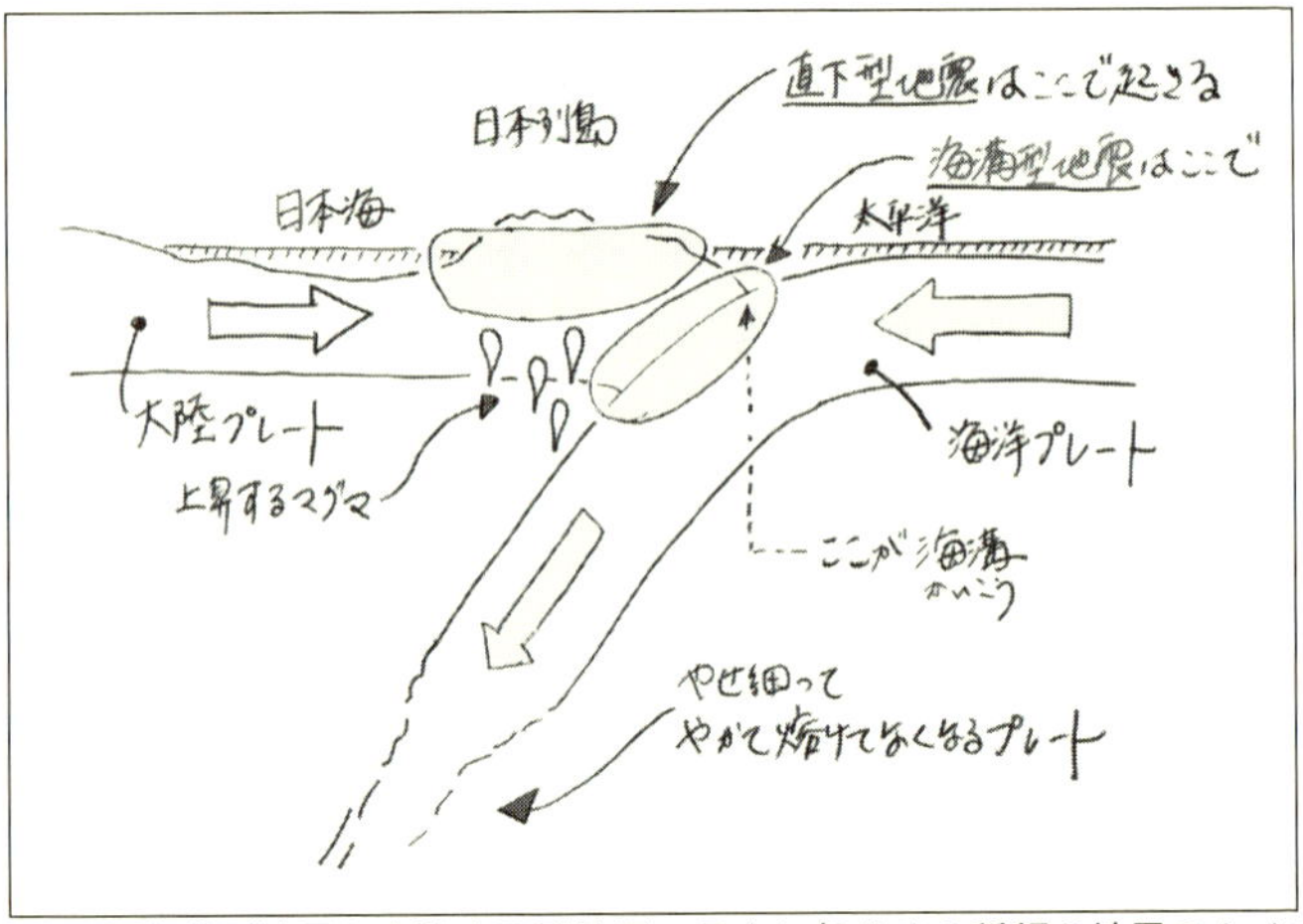

図２：海溝型地震と内陸直下型地震、日本に起きる２種類の地震のタイプ

一方、内陸直下型の地震は、まったく別のメカニズムで起きる。簡単にいえば、日本列島がプレートの動きに押されて、ゆがんだりねじれたりして起きるのが直下型の地震なのである。

このため、海溝型地震が海溝付近で起きる、というように、起きる場所が分かっているわけではない。日本のどこでも襲われる可能性がある。その意味では始末が悪い地震なのである。

また、こういった起こり方ゆえ、海溝型地震のように、明白なくり返しがあるわけではない。くわしくはあとで述べよう。

4　東北地方太平洋沖地震は「ドミノ倒し」で起きた連動地震

二〇一一年に起きた東北地方太平洋沖地震は、日本海溝を舞台にして起きた典型的な海溝型の地震だった。日本海溝では東から来る太平洋プレートと、西から来る北米プレートが衝突している。

なお、日本海溝のすぐ北にはカムチャッカ半島まで延びている千島海溝があり、さらにそこからアラスカまではアリューシャン海溝があり、これらでも太平洋プレートと北米プレートが衝突していて、地震活動はよく似ている。じつは日本海溝と千島海溝は、世界でもっとも地震活動がさかんな海溝なのである。

この種の海溝型地震は日本海溝に限らず、海溝付近ではよく起きるタイプの地震だ。しかし、東北地方太平洋沖地震は「普通の」海溝型地震と違って特別だった。それは、ドミノ倒しのように、いままでの海溝型地震のナワ張りを超えて複数の海溝型地震が同時に起きる形で、世界有数の巨大な地震が起きたことだった。

海溝型の地震には「ナワ張り」があり、普通にはナワ張りのなかで同じような大地震が繰り返す。だが、日本海溝に限らず、いままでもときにはナワ張りを超えて隣のナワ張りと連動してしまうような連動地震も起きてきた。とくに西南日本では、この種の連動型の地震が何回か

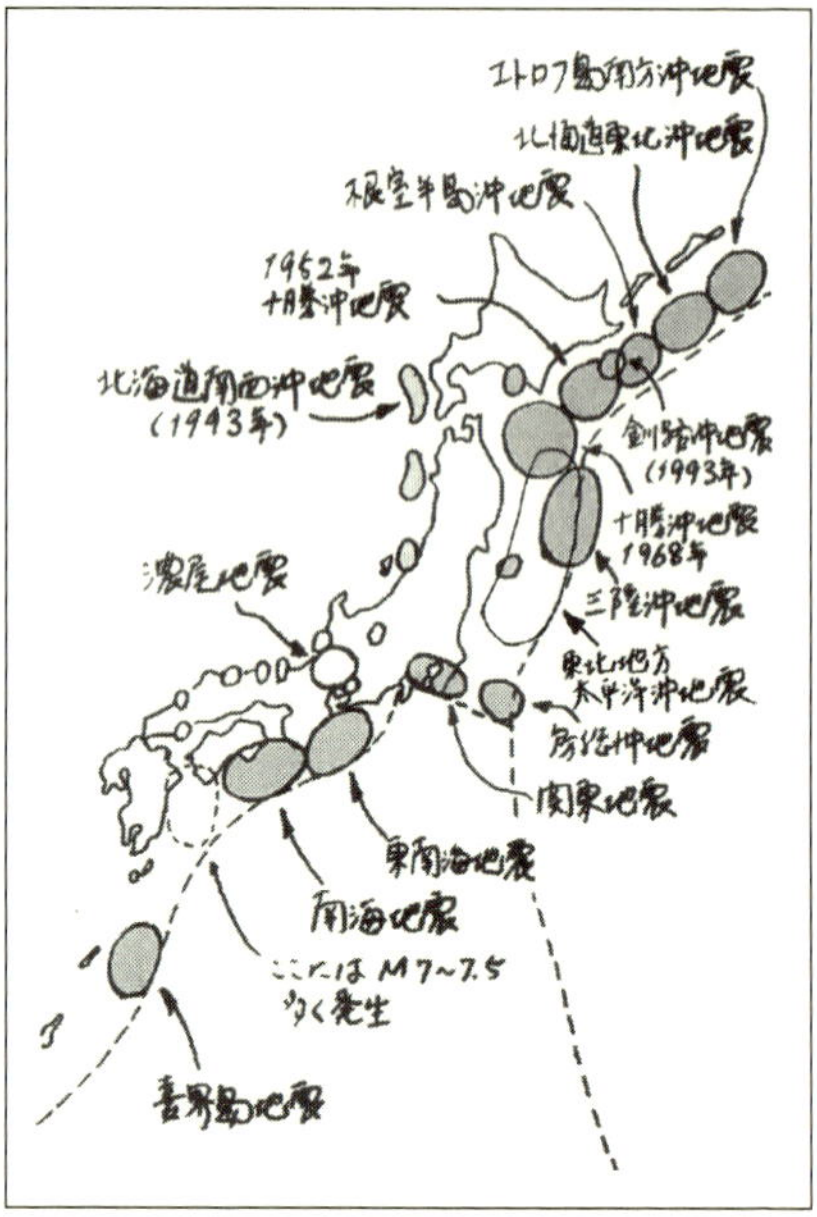

図３：日本に起きた海溝型地震。東北地方太平洋沖地震は群を抜いて大きかった。

起きたことが分かっている。

たとえば静岡沖から四国沖までという東北地方太平洋沖地震なみの大きな震源で起きた宝永地震（一七〇七年）は、この連動型の巨大地震だった。かつてはマグニチュード8・4という気象庁マグニチュードの上限の大きさだったと考えられていたが、モーメント・マグニチュードだと9近くあったのではないかと考えられはじめた。

じつは今後、この宝永地震の再来が怖れられている。予想されていた東海地震が起きないまま四〇年近くが経ってしまったいまでは、むしろこのような連動地震が起きる可能性が高まっているのである。

今回の東北地方太平洋沖地震は、隣だけではなくて、そのさらに隣も含めて、四つか五つのナワ張りが連動して起きてしまった。このため、地震の震源の大きさは南北で約四五〇キロ、東西の幅は約一五〇キロにも達した。

この震源の大きさは、地震計の観測が始まった一九世紀末以後に日本に起きた地震としては最大のものになってしまった。

たとえばこの同じ海域で起きた一九六八年の十勝沖地震では南北に一五〇キロ、東西の幅が一〇〇キロほどだったから、地震断層はそれより何倍も大きかったことになる。

5　東北地方太平洋沖地震の犠牲者の九割は津波によるものだった

このように、東北地方太平洋沖地震の震源が大きかったうえ、地震断層の動きも大きかったために大きな津波が生まれたのだった。

そしてその津波が北海道から千葉県までの広い範囲を襲って、たいへんな被害を生んでしまった。「津波が大きく」しかも「広い範囲から津波が生まれた」ので、大被害を及ぼした範囲が広かったのである。東日本大震災の死者・行方不明者は約二万人に上ってしまったが、その九割以上が津波によるものだった。

津波は海底で起きた地殻変動によって起こされる。向こうの岩とこちらの岩の間にある地震断層がすべる、つまり、岩が突然食いちがうのが地震である。

海底にあるプレートが大地震を起こすときに、断層が海底に顔を出している場合や、顔は出していなくても地震断層が海底面から浅い場合には、震源の真上の海底が上がったり、あるいは下がったりする。

こうしてプレートが急に動くと、その上にある海水が急に持ちあげられたり、へこんだりすることになる。これが津波なのだ。

そして、起きた津波は四方八方へ伝わっていき、陸地を襲う。しかも津波の高さは、陸地に近づいて海が浅くなると大きくなる。また、陸地付近の海底地形や湾の形によっては、沖合にいるときの津波の高さとくらべてはるかに大きな津波となって陸地を襲うことになる。

とくに奥へいってすぼまっているV字型の湾だと、津波が大きくなる。三陸地方のリアス式海岸にはこの形の湾が多い。今回の東北地方太平洋沖地震でも、津波が陸地に駆け上った高さは四〇メートルにも達した。

震源の真上で生まれる津波の大きさは地震断層の大きさだけでは決まらない。地震断層が海底からどのくらい深いかによるほか、じつは地震のメカニズム、つまり地震断層の動きかたでも大きく左右される。

東北地方太平洋沖地震のメカニズムは逆断層で、これは津波がもっとも大きくなる断層の動きだった。

この逆断層は、海溝型地震ではいちばん多いタイプの地震である。二万人をはるかに超える犠牲者を生んでしまった明治三陸地震（一八九六年。マグニチュードは学説により8・2〜8・5）など、三陸地方に過去たびたび津波の被害を生んできたのは、こういった逆断層の海溝型地震であった。

なお、たまには海溝付近で正断層の大地震も起きる。逆断層と正断層はともに「縦ずれ」で津波は大きい。それゆえ正断層のときにも大きな津波が起きる。昭和三陸地震（一九三三年）はこの正断層の地震だった。逆に「横ずれ」断層だと、津波はほとんど生じない。

「震度」は人間が感じやすい周期、つまり〇・一秒から二秒までくらいの周波数帯域の地震の波の大きさで決めている。ところが、津波はずっと長い周期を持つ海水の振動である。津波の周期とは海水が引いたり襲ってきたりする周期のことで、一〇分以上のことが多い。津波は地震の震源から、このくらい長い周期の地震の波がどのくらい多く出てきて海底をゆするかによって大きさが決まる。

このように長い周期の地震の波は、地震断層が端から端まで、どのくらいの時間をかけて動いたかに関係する。時間がかかるほど長い周期の地震の波が多く出るのだ。東北地方太平洋沖地震では地震断層が端から端まで約一五〇秒、二分半ほどの時間をかけて動いたことが分かっている。このため、大きな津波が生まれたのであった。

しかし世界には過去、もっと大きな津波もあった。たとえば二〇〇四年に起きたスマトラ沖地震（マグニチュード9・3）のときの津波は、インド洋各地、そしてアフリカ東岸まで伝わって、死者・行方不明者は各国の合計で二二万人を超えた被害を生んでしまった。

これはスマトラ沖地震のほうがもっと長周期の地震の波を強く出したからだった。一〇〇〇秒（約一七分）以上の周期でくらべると、東北地方太平洋沖地震よりも二倍以上もスマトラ沖地震のほうが強かったのである。

6　津波の被害を拡大してしまった可能性

東北地方太平洋沖地震が起こした津波は、死者・行方不明者を合わせて、二万人に迫る人命を奪ってしまった。これは日本史上でも、二万二〇〇〇人が津波の犠牲になった明治三陸地震（一八九六年）に次ぐ犠牲者の数になってしまった。

私が地震学者として残念なことは、地震による被害は避けられないものがあるにしても、地震を感じてから時間差があって襲ってくる津波からは、少なくとも人命だけは救うことが出来るはずだった、ということだ。

この東北地方太平洋沖地震の場合でも、津波が襲ってきたのは、人々が激しい地震の揺れを感じてから早くても三〇分以上、多くの場合は四〇〜五〇分後であった。たとえば海岸にごく近い仙台空港に津波が達したのは四五分後だったし、多くの学童が津波の犠牲になった宮城県石巻市の大川小学校でも五〇分後だった。

このために、適切な警報が出ていれば、津波による犠牲者の数はこれほど多くはならなかったのではないかと、地震学者としての悔いが残る。

なぜこうなってしまったのか。それは気象庁が津波予報を出している仕組みに大きな問題があるからだ。気象庁が出してきた津波警報が人々に信用されなくなっていたという問題である。

たとえば、二〇〇三年十勝沖地震（マグニチュード8・0）のときは、避難勧告を受けた住民のうち、平均して六分の一の住民しか避難しなかった。この地震とほとんど同じ規模だった一九五二年十勝沖地震のときは、六メートルを超える津波で大被害を被った北海道東部の厚岸《あっけし》町でさえ、避難した住民はわずか八％にとどまったのである。

なぜ、このように信用されなくなってしまったのだろう。それは、気象庁が出していた津波警報が「オオカミ少年」になってしまっていたからである。

一九八三年に起きた日本海中部地震や一九九三年に起きた北海道南西沖地震のときには、気象庁が津波予報を出すのが遅く、警報より前に津波が襲ってきてしまった。このため、それぞれ一〇〇人と二〇〇人を超える津波の犠牲者を生んでしまった。

このあと、気象庁の津波予報は地震から三〜五分以内と、昔よりもかなり早く出せるようになっている。しかし、まだ大きな問題がある。それは、津波の大きさに決定的に影響する地震断層の動き（メカニズム）を知らないまま、「津波が最大になるメカニズムを仮定して」警報を出しているからだ。

気象庁は津波予報を早く出すために、P波だけを使って計算している。地震の震源からはP波とS波という二種類の地震波が同時に出る。P波が先に進み、S波はどんどん遅れていく。雷から音と光が同時に出るのに音のほうが遅れていくのと同じである。地震は「ガタガタ、やがてユサユサ」と揺れるというのはこのことなのだ。なおPはPrimary（最初に来る）、SはSecondary（二番目に来る）の略である。

S波は震源でのメカニズム、つまり地震断層がどちら向きに、どのくらい動いたかについて大事な情報を運んでくるものなのだが、S波を待てないのだ。それは、ちょっと遠い観測点では、S波が到達するのは地震が起きてから二分とか三分後になってしまうので、津波予報を地震後三〜五分で出そうというのにこれでは間に合わないからだ。

それゆえ、いまの津波警報の仕組みでは、気象庁は地震の震源の場所と地震の規模がP波だけの分析で分かった段階で、「考えられる最大」の津波を想定して津波予報を出している。つまり地震のメカニズムを知らないまま、予報を出しているのだ。

しかし地震断層の動き方によっては、実際の津波の振幅が「考えられる最大」の津波の何百分の一という小さいこともある。いや、むしろ「最大」は珍しいほどなのだ。これが多くの場合に、津波予報よりははるかに小さな津波しか来ない理由なのである。

こうして、いままで気象庁が津波警報を出したほとんどのとき、気象庁が警告したよりもはるかに小さな津波しか実際には来なかった。

たとえば、一九九八年五月にもっとも強い警報である「大津波警報」が出た。沖縄、九州、四国、そして本州の南岸に最大二〜三メートルの津波が来襲する恐れ、という警報だった。

もし本当に来たら大変な津波になる。港につないでいる船や港の関係者、沿岸の人々などに緊張が走った。港の船や海岸沿いに大被害を与えかねない。貯金通帳や財布など貴重品を持ち出して、年寄りを連れて避難するのは大変なことだった。

でも拍子抜けだった。実際に来た津波はわずか数センチのものだった。

二〇〇三年の十勝沖地震も、気象庁の予報した高さの津波は来なかった。

また、二〇〇四年に起きた紀伊半島南東沖地震でも、気象庁は津波警報を出した。しかし地震を起こした断層の動きは横ずれだったので、警報にもかかわらず、津波はほとんどゼロだった。このときは、津波警報を聞いた住民の三割しか避難しなかった。

もっと最近では二〇一〇年二月末に、最大震度5弱を観測した沖縄本島近海地震が起きたとき津波警報が出されたが、最大の津波の高さは、一〇センチだった。

このように、津波の警報や注意報で警告された高さの津波が実際には来なかったことは数多い。津波警報は日中だけではなく深夜にも出る。こんなことが日本中で繰り返されているうちに、人々が津波警報を信用しなくなってしまったのである。

そして東北地方太平洋沖地震も例外ではなかった可能性が高い。たとえば和歌山県内では過去に例のない大津波警報が発令されて避難指示が出た地域で、避難所などへの避難を自治体が確認できたのは、対象人数の三%以下にとどまっていた。町によっては約四六〇〇人に避難指示が出されたのに、避難所には六人しか来なかったところもあった。

そのほか東海地震の「お膝元」静岡県焼津市でも、東北地方太平洋沖地震で大津波警報が県内沿岸部に発令されたのを受けて、沿岸部の二七地区に住む一万五〇〇〇世帯、約四万五〇〇〇人を対象に避難勧告を出した。しかし市によると、実際に避難したのは最大で全体の約六%にとどまった。

和歌山や焼津だけではなく、東北地方でもそうだったに違いない。中日新聞の報道だが、東北地方太平洋沖地震の被災地、大船渡市の海岸部では約一年前の二〇一〇年二月、チリに起きた大地震(モーメント・マグニチュード8・8)で大津波警報が出ていたが、このときにも住民で避難したのは一五%弱、全体の六分の一以下にとどまっていたのである。

7 津波警報が「安心情報」になっていなかっただろうか

東北地方太平洋沖地震での最初の警報発表は一四時四九分だったから、気象庁は地震後三分で出したことになる。この意味では十分に早かった。

しかし問題は、そのときの警報が「岩手県と福島県の沿岸は三メートル以上」だったことだ。これは実際に襲ってきた八～一〇メートルの津波よりはずっと小さい。先ほどのオオカミ少年のこともあり、小さすぎる予報は、人々の油断を一層誘ったに違いない。

その後、気象庁は一五時一四分になって、予想される高さを「一〇メートル以上」と変更した。だが、このときにはすでに地震後三〇分近くがたっていた。飛び出していった地元の消防団や海岸の水門を閉めに出動した人々は、この後からの追加や訂正をちゃんと聞いていたかどうか、疑わしい。

じつは、もうひとつの別の問題もあった。それは、気象庁が一四時五九分に「大船渡で二〇センチの津波を初めて観測した」と速報したことだった。続いて、何カ所かの津波の高さが発表された。この気象庁の発表を、テレビやラジオなどのメディアはそのまま、一五時三分から「鮎川五〇センチ、大船渡と釜石は二〇センチ」と気象庁の発表通りに伝えた。

「ああ、やっぱり津波は来ないのだな」、警報通りの津波がこない経験を何度も繰り返してきた多くの人たちは、一瞬、安堵の念を抱いたと伝えられている。「また、気象庁が津波予報を外した」「〝やっぱり、予報で二メートル、六メートルとか出ても実際にはそんなに大きな津波は来ないんだなぁ〟とホッとした」と思った人もいたという。つまり、気象庁の発表が「安心情報」になってしまったのだ。

この気象庁の「現況の」発表そのものは間違いではない。これらは津波の「第一波」の大きさだった。海岸にある検潮儀という機械で実際に記録した「観測値」である。

津波によっては、この第一波が最大のことがある。たとえば、一九八二年に起きた浦河沖地震（マグニチュード７・１）では第一波が最大だった。最大の津波が、しかも押し波として到着したのだった。

しかし一般には、第一波よりは後続の波のほうがずっと大きいことはよくあることだ。今回も、実際には数メートル、ところによっては一〇メートルを超える津波があとから襲ってきている。

外洋から襲ってくる津波は海岸付近で反射や共振をするので、一般的には海岸には何度も大波がくるのが普通である。東北地方太平洋沖地震の場合はもう少し複雑だった。海岸で観測した津波は、多くの場所では小さな引き波で始まった。だが、その後に小さな押し波があったあと、小さな波が二〜五波続き、その後に巨大な押し波が到着した。

このように複雑になった理由は、この地震では海岸付近は地震による地殻変動によって沈降し、近海の海底ではもっと沈降したという地殻変動が生んだ津波のせいだった。たとえば宮城県の牡鹿半島では地震時の地殻変動で一・二メートルも沈下した。もちろん、ここだけではなくて、周囲の陸地も海底も沈下したのであった。はじめに来た津波は、これらの沈降によって起こされたものだった。しかし、この段階では、まだ後から来る大きな津波は到着していない。

そして、後から巨大な押し波が来た。この巨大な津波は地震断層の中でも陸からもっとも遠い海溝近くで生まれた海底の隆起によって引き起こされたものだった。これが津波の本番であったのである。

じつは気象庁は昔から、この海岸で実際に測った「現況」の観測値を発表し続けてきている。気象庁の理屈は「津波が沿岸に到着したことを報じないと、〃津波が発生しなかった〃と考える住民がいるので、観測情報は必要だ」ということだ。

第一波がたまたま最大の津波のときは、これでもいいかもしれない。しかし、今回の東北地方太平洋沖地震を含めて多くの場合はそうではない。

そして東日本大震災では、この気象庁の発表とメディアの後追いが裏目に出て、被害を広めてしまったのではないだろうか。「この津波到達の第一報を見た市民が一〇センチ、二〇センチという数字を報じられて安心しないわけがありません。この到達の数字を出していなければ、もっと急いで逃げてくれたかもしれないのに、と思うと今も残念で仕方がありません」という地元の人からの通報が私のところに来ている。

つまり「津波警報」と「津波の（第一波の）観測値」を、現場では命がかかっている修羅場に同時に知らせることは、混乱をもたらすだけである。いままでの習慣だから、と気象庁が慣例を尊ぶ役人風に発表し続けることは、考え直さなければなるまい。

なお、東北地方太平洋沖地震で、気象庁が岩手県と福島県に、最初は実際の津波の大きさよりも小さめの津波予報を出してしまったのは、気象庁の地震や津波の観測システムが、「緊急地震速報シフト」になっているなど、この種の超巨大地震に対応できない仕組みになっていたためである。

気象庁は地震予知が出来ない代わりに緊急地震速報（175頁）を導入した。この緊急地震速報を出すために、たとえば速報のデータ処理過程で求めた数値では、この種の大地震の姿をとらえられていなかった。この東北地方太平洋沖地震で最初に気象庁が発表したマグニチュード7・9は「緊急会話検測による値（速報値）」というもので、いくつかの地点で、その時刻までに観測された地震計の最大振幅から求めたものだ。なお、12頁に書いたように、マグニチュードはその後、8・4、8・8、そして9・0と三度にわたって変更された。

東北地方太平洋沖地震のような巨大な地震では、地震断層の破壊が広い領域に進んでいくのにかなりの時間を要する。今回は一五〇秒ほどかかった。このため緊急地震速報によるマグニチュード決め方に使っている「地震計が記録した記録のうちの最初だけの地震波形」では、破壊の全体がつかめなかった。こうして速報値のマグニチュードは精度が劣るものになり、その結果、最初の津波警報が小さめのものになってしまったのである。

8　津波警報の「改良」はまだ足りない

二〇一二年一月の末、気象庁はいままでの津波警報や津波注意報の変更を発表した。二〇一二年度末までに変更を行うとされている。

その変更は、津波の予想高の区分を従来の八段階から五段階に簡素化する、また巨大地震で規模を過小評価する可能性がある場合は、予想高を「巨大」「高い」と数字を使わず表現するというものだ。

新たに発表する津波の予想高は、一、三、五、一〇、一〇メートル超の五段階になる。なお一メートルは「津波注意報」、三メートルは「津波警報」で、五メートル以上は「大津波警報」と三段階で発表されるのは前と同じだ。

また、実際に沿岸で観測された高さも、予想より低かった場合は「観測中」などとして数値を出さないことにした。

こうして気象庁は東日本大震災で実際より低い津波高を予測したり速報したりして住民の逃げ遅れにつながったとの反省をようやく生かす方向で動き出した。

もともとの八段階は、それほどの精度もなく、前に書いたようにオオカミ少年になってしまう過大な予報を繰り返してきたのだから、五段階と少なくするのは当然だろう。また津波の第一波の高さを慣例のように発表し続けてきたのを取りやめるのも、被害を少なくするためには当たり前のことだ。

しかし、いちばん肝心の、津波予報が過大でオオカミ少年になってしまうことへの改良には手が着いていない。これは陸上に置いてある地震計で記録したP波だけから、地震のメカニズムを知らないまま津波予報を出すことによる本質的な弱点だからである。

広い範囲で震度が大きかった東北地方太平洋沖地震のような超巨大地震は、予想高を数字を使わず予報するという。だが、ふだんからはるかに多く起きている「超巨大」ではない海溝型地震でオオカミ少年を繰り返しているときに、予想高を「巨大」とか「高い」といった数字を使わずに予報して、人々がその情報を適切に受けとって避難できるかどうかには、まだ、多くの疑問が残っている。

津波警報がオオカミ少年にならないためには、日本列島の周囲の海底に「海底津波計」という測器を配置することが必要である。

津波計は震源の近くで、沖合にいるときの津波の高さや波形を観測するものだ。原理的には海底で、そこの水圧を測る。海面の高さが変われば海底での水圧も変化する、それを測定する機械なのである。

測器としてはすでに実用化されているものだが、沖合の海底で測ったデータをリアルタイムで陸上に送るためには海底ケーブルが必要になる。海底ケーブルは高価なものだが、多数の人命を救うためには必要な投資だろう。

これらのデータが分かれば、発生したその津波が陸に近づくにつれてどう震幅が大きくなるか、いつ到達するかは海底地形からすでに知られているから、陸を津波が襲う数十分前には、襲う津波の正確な高さが予測できることになる。

じつは東北地方太平洋沖地震のときも、大学が持つ実験的な海底津波計が二台、釜石の沖合の海底に設置されていて記録をとっていた。残念なことに、このデータが気象庁の津波警報に生かされることはなかった。

地震予知は以前考えられいたよりもずっと難しいことが明らかになりつつある。だが、突然の大地震による震災はともかく、地震が起きてから十数分から数時間後に襲ってくる津波の被害は、適切な予測と避難があれば、かなりの程度まで避けられるはずだ。

いままで気象庁や行政は過大な津波警報ならば、その反対よりはいいだろう、と胸を張っていた。たしかにお役人の責任はそれで逃れられる。他方、お役人は住民の防災意識の低さを嘆いてきた。しかし、津波警報を信頼されるものにすることこそを心がけるべきなのである。

9 東北地方太平洋沖地震の被害は津波だけではなかった

東日本大震災では津波の被害だけがクローズアップされているが、直下型地震で懸念される被害も、もちろんあった。そのひとつが地震によってダムが決壊して、下流の家や人を押し流すダム決壊の災害である。

この地震で福島県須賀川市にある藤沼《ふじぬま》ダムが決壊して、藤沼貯水池の水が下流を襲った。濁流が家屋をのみ込んで七人が死亡、一歳の男児一人が行方不明になった。また家屋一九棟が全壊・流失し、床上・床下浸水した家屋は五五棟にのぼった。

このダムは太平洋から内陸に約七五キロ入ったところにあり、一九四九年に完成した灌漑《かんがい》に使う農業用水のためのダムだ。土を台形状に固めた「アースフィルダム」である。

ダムの高さは一八メートル、幅は一三三メートルだったが、地震とともにダムが全幅にわたって決壊して、田植え時期をひかえてほとんど満水だった約一五〇万トンの水が、多くの樹木を巻き込んだ鉄砲水となって下流の集落を襲った。ダムの下流約五〇〇メートルのところにある滝地区でも高さ二メートルを超える泥水の痕跡があり、水の力だけではなく流木による破壊が激しかったと考えられている。

地震による農業用ダムの貯水池の決壊で死傷者が出たのは、世界でも珍しいと報告されている。しかしダムが地震で決壊した例は過去にないわけではない。一八五四年の安政南海地震で満濃池（香川県）が決壊している。これも高さ一五メートルを超す大きなダムだった。

藤沼湖は一九五七年に制定されたダムの設計基準より前に作られた古いダムだ。それゆえに弱かったのかもしれない。日本中で、老朽化したダムを中心にダムの耐震性を再点検する必要性があろう。

ところで外国には、決壊しなくても、地震によって起こされたと思われる地滑りでダムが溢水して大被害を及ぼした例もある。溢水によって下流で二〇〇〇名以上の犠牲者を生んだイタリアのバイオントダムである（118頁）。

ダムの決壊や溢水による濁流は津波による被害と似た被害を引きおこす。しかし、地震の揺れを感じてから数十分あとで襲ってくる津波と違って、地震直後に起きる。つまり逃げる時間がない間に襲ってくるという恐ろしさがある。

大量の水を湛えたダムの下流に多くの人が住んでいる例は日本では多い。この藤沼ダムの現地での震度は5弱だった。もっと大きな震度があり得る直下型地震では、ダムによる被害は考えておくべきことだろう。

　このほか直下型地震の被害としても考えられるものに液状化がある。東北地方太平洋沖地震でも、東京のすぐ東にある東京湾岸の千葉県浦安市で、岩手県沖から茨城県沖まで延びていた震源の南の端からはそう遠くなかったので、地震の揺れによる被害が出た。ここはむかし海底だったところを大規模に埋め立てて、東京ディズニーリゾートや新興住宅地を作ったところだが、この地震で浦安の市街地の八五％もの面積が液状化（159頁）の被害を受けた。

　このほか、浦安のように湾岸ではなく、東京湾から二〇キロほど内陸に入った千葉県我孫子市でも液状化が起きて、一二〇軒以上の家が全壊してしまった。じつはこの場所は一八七〇年に水害が起きて、近くの利根川があふれて沼ができていたところだった。その沼を戦後一九五二年に、川底から浚渫した砂を使って埋め立てて住宅地にしたところだったのである。

　また、直下型地震の被害としても考えられるものには、宅地造成地の破壊がある。たとえば、東北地方太平洋沖地震でも仙台市郊外の折立《おりたて》にある宅地造成地で大規模な地滑りが起きて、多くの家が住めなくなってしまった。山の高台に位置する閑静な住宅街だが、ここは、かつてあった谷を埋めて宅地を造成したところだ。このことについては156頁にくわしく述べる。

　近年の家は地震の揺れには強くなっているから、ここでも、また千葉県浦安でも、地震の振動には耐えたそれぞれの家には大きな被害はないように見えるが、家を支えている地盤が傾いてしまっているために、修復はほとんど不可能になってしまった。

もちろんこれは仙台市や浦安市や我孫子市に限らない。全国各地で新しい宅地が造成されてきていて、そこでは、将来の地震で、増幅された揺れや造成地の破壊や液状化などの同じような問題が起きることが懸念される。

10　東北地方太平洋沖地震での不幸中の幸い

もちろん、東北地方太平洋沖地震はこれだけ大きな地震だったから、津波による沿岸の被害だけではなくて、内陸にも多くの被害を生んだ。この内陸の被害は、地震の揺れによる被害である。

全体としてはたいへんな災害をもたらした東北地方太平洋沖地震ではあったが、不幸中の幸い、ともいうべきことがあった。内陸での地震の揺れによる被害が、地震のマグニチュードのわりには大きくなかったことだ。

この地震では、宮城県栗原市で最大震度7を観測するなど、これも広い範囲で強い震度を記録した。仙台では震度6弱（宮城野区では震度6強）、東京でも六年ぶりの震度5、大阪でも震度3だった。

しかし、地震の大きさと、強い震度の揺れが広い範囲を襲ったわりには、この地震による建物などの倒壊は多くはなかった。

たとえば阪神・淡路大震災のときは、建物の全半壊は二四万棟だったが、東日本大震災では建物の全半壊は三六万棟だった。だが、東北地方太平洋沖地震の場合には、そのほとんどは津波による被害で、地震の揺れによる全半壊は、津波による被害よりはずっと少なかった。

木造家屋など低層の建物に被害を及ぼしたり倒壊させる地震の波の周波数は一〜二秒である。ところが、この東北地方太平洋沖地震では、震源に近い太平洋岸の都市でも、太平洋岸の茨城県日立市、宮城県塩竈市、宮城県栗原市築館町で記録されたこの周波数帯での揺れ（地震動の速度）の振幅はどれも、たとえば阪神・淡路大震災のときの神戸市内（葺合区、須磨区鷹取）での揺れよりも小さかった。これは不幸中の幸いだったというべきかもしれない。

東北地方太平洋沖地震では、震源がドミノ現象で巨大になったために、震源から出た地震波の周波数スペクトルがほかの地震とは違っていて、地震の大きさのわりには住宅を壊す周波数帯域の地震波が少なかったと考えられている。

第2章 直下型地震の怖さとは

1 内陸直下型地震はどこを襲うか分からない

第1章で書いたように、日本を襲う大地震には海溝型と内陸直下型の二つのタイプがある。日本海溝や南海トラフなどの海溝の近くに起きる地震がプレート同士の衝突で起きる「一次的」な原因によるものだとすれば、これら内陸の地震は、そのプレートの一次的な衝突が引きおこす「二次的」な原因による地震である。しかし、二次的な原因による地震とはいっても、地震を起こすメカニズムと、それが起こす地震の被害とはもちろん別のものだ。その地震が直下型として起きれば大きな被害を生むことがあるのが恐ろしい。

海溝型は起きる場所も、起きるメカニズムもかなり分かっている地震だが、内陸直下型は日本のどこを襲っても不思議ではない、という厄介な地震である。そして、起きるメカニズムも海溝型地震よりも多様である。

そのうえ、直下型として起きるがゆえに、地震のマグニチュードが7程度でも大被害を起こすことがある。マグニチュードは数字が一違えば、地震のエネルギーは約三〇倍、二違えば一〇〇〇倍も違う。つまり、海溝型地震よりもずっと小さい地震でも、大きな被害を生む可能性がある。

たとえば、六四〇〇名以上の死者を出してしまった阪神・淡路大震災を起こした兵庫県南部地震のマグニチュードは7・3だった。これは東北地方太平洋沖地震のエネルギーのたった一〇〇〇分の一、そして二〇〇三年に起きた十勝沖地震のエネルギーの一〇分の一のエネルギーでしかない。

地震を起こした地震断層の大きさも、兵庫県南部地震は長さ約四〇キロ、幅約一五キロだったが、東北地方太平洋沖地震は長さ約四五〇キロ、幅約一五〇キロあり、面積は兵庫県南部地震の阪神の一〇〇倍もあった。なお、地震断層が滑った量も、兵庫県南部地震は最大のところでも約二メートルだったが、東北地方太平洋沖地震は最大五〇メートル以上もあった。

そして、兵庫県南部地震なみの大きさの地震は、日本だけでも毎年一〜二回起きている。それが阪神や淡路島という住宅密集地を襲ったので、あれだけの大震災になってしまったのだ。

日本列島がプレートの動きに押されて、ゆがんだりねじれたりして起きるのが直下型の地震だから、直下型地震が次にどこを襲うか、残念ながら、現在の学問では分からない。その意味

図４：いままでに起きた内陸直下型地震

では、起きる場所が分かっている海溝型地震よりは恐ろしい。いわば、日本のどこにでも、次の内陸直下型地震が発生する可能性があるのだ。

ところで世の中には地震の危険度を示す地図がある。地震学者が作ったものだ。これは、それぞれの場所が過去にどのくらい地震で揺れたか、というデータから地震の危険度を示している。地震保険の会社が保険料を計算する基礎にしている地図もこの地図である。

しかし、昔、有名な地震学者の先生が作った地図で、当時いちばん安全だとされた新潟に、その後新潟地震（一九六四年。マグニチュード7・5）が起きて大きな被害を出したことがある。新潟は新潟地震の前には、歴史記録に残っている限り大地震が起きたことがなかった。

この事情はその後も変わらない。一九八五年に地震学者が作った地震危険度の地図を見ると、その後に大地震が起きた兵庫県南部地震、鳥取県西部地震、芸予地震、新潟中越地震、新潟中越沖地震などが起きたところは、いずれも最も安全なところとされているのだ。

この地図は、歴史上分かっている地震のほか、内陸の活断層のうち、活動度がある程度分かっているものが起こすであろう地震も入れてある。しかしそれでも、それ以後の大きな直下型地震のほとんどが「見逃し」になってしまっているのである。

私たちが知っている過去の地震の歴史は、ごく限られたものだ。それゆえ、この種の地図は、将来、地震が起きるかどうかを見るためには信用できない地図なのである。

2　内陸直下型地震には海溝型地震のような繰り返しはない

内陸直下型の大地震は、海溝型の大地震のように一〇〇年とか二〇〇年とかの、決まった周期の繰り返しで起きるわけではない。

これら直下型地震の繰り返しは、歴史に残っているものでは、繰り返した例がひとつしかなく、それゆえ、直下型地震の繰り返しはよく分かっていない。短くても一〇〇〇年、長ければ何万年とか、もっと長いのではないかと思われている。

繰り返しが歴史に記録されている唯一の例が、いまの長野県北部に起きて約九〇〇〇人が死んだ善光寺地震（一八四七年）である。この地震によく似た地震が、ほぼ同じ場所で約一〇〇〇年前の西暦八八七年に起きていて、これが一回前の善光寺地震ではないかと思われているのが、その唯一の例である。信濃北部地震と名づけられている。

しかし、前の地震がほんとうに同じ震源で起きたのかどうかは、もちろん二回とも地震計による震源決定があったわけではないから、定かではない。

さらに、前の地震が本当にあったかどうかも研究者のあいだで議論が分かれている。ちょうどその年に東海沖で海溝型の巨大地震が起きており、その地震によって長野県中部にある八ヶ岳（天狗岳）が崩壊して土砂が千曲川を上流でせき止め、堰止め湖が作られた。それが一〇ヵ月後に決壊して佐久平や長野盆地を大洪水が襲った。そのときの地元の記録を、歴史地震学者が「地元の」地震だと思ったのではないかという学説がある。

そもそも、こういった内陸直下型の大地震にプレート境界型の大地震のような繰り返しがあるものかどうかもじつは分かっていない。もしかしたら、繰り返しがない一回きりの地震もあるかも知れないのである。

そして、いままでに起きていないところでも、これから起きる可能性があるというのが、内陸直下型地震の困ったところなのである。

3　弱者をねらい打ちする地震

東日本大震災では、犠牲になった人々のうち五五％が六五歳以上だった。人口割合からいえば、六五歳以上が人口の五五％もいることは限界集落といわれる過疎地でさえほとんどないから、この統計は、お年寄りが選択的に犠牲になったことを意味している。

それだけではない。東日本大震災での障がい者の死亡率は平均の二〜四倍もあった。この地震でも、弱者がより多く犠牲になってしまったのである。

たとえば福島県南相馬市のＮＰＯの調査では、震災直後に多くの障がい者が避難できず取り残されたことや、行政が事前に作成していた障がい者など「要援護者」の名簿に多くの漏れがあったことがわかっている。

これは東日本大震災だけの特徴ではない。この震災では、被害者の多くが津波に呑まれたのが死亡原因だったが、近年日本で起きたほかの地震でも、揺れによる震害でやはり弱者が選択的に犠牲になっている。

神戸市や瀬戸内海を見下ろす高台にある神戸大学の構内には、阪神・淡路大震災で犠牲になった同大学の学生と職員の慰霊碑が建っている。そこには学生と留学生三九名と職員二名の名前が刻まれている。

この地震が起きたのは一九九五年一月一七日の午前五時四六分だった。地震には十分強く作られている、とのJRや工学系の先生たちのお墨付きがあった新幹線のレールを支えていた橋桁が八カ所も落ちてしまった。始発の新幹線は朝六時に走り出すことになっていたから、橋桁が落ちたために大事故にならなかったのは、新幹線にとっては運が良かったとしか言いようがない。

もしこの地震がこんな早朝ではない、昼間の時間帯に起きていたとしたら、新幹線や高速道路では重大な事故が起きていたに違いない。しかし一方で、神戸大学の学生たちは死なずにすんだかもしれない。というのは、神戸大学には倒壊した建物はひとつもなかったからである。

この三九名の学生のうち三七名、つまり九五％もが、下宿が潰れたために亡くなった。神戸大学の学生の九五％もが下宿生だったというわけではない。自宅から通っていた学生にくらべて、下宿生のほうがはるかに死者が多かったのだ。気の毒なことに、この下宿生たちは自宅生たちよりも、また神戸大学よりも弱い建物に暮らしていたのだった。

亡くなった神戸大学の学生に限らず、阪神・淡路大震災で亡くなった人々の医師による遺体検案では、死者のほとんどが地震後十分間以内の圧死だった。つまり、いったん大地震が起きて家がつぶれてしまったら、国際救助隊が来ようが自衛隊が来ようが、救える人命はごく限られてしまうのである。弱い家に住むことは、かくも危険なことなのである。

建設省（現国土省）建築研究所の調査では、阪神・淡路大震災では古い家やビルほど倒壊率が高かったことが分かった。なかでも一九八一年以前に建てられた建物ではとくに倒壊率が大きく、一九七二年から一九八一年までの建物がそれに次いだ。一九八二年以降の建物では損壊率がずっと低かった。

古い家がシロアリの被害などで老朽化していたということも要因としてはないわけではないが、古い家が選択的に倒壊した主な理由は、建築基準法や耐震設計法が一九七一年と一九八一年に段階的に強化されたのに取り残されていたためである。

もし、学生下宿のような老朽化した木造家屋がもっと新しい家に建て替えられていたり、耐震補強がされていたら、阪神・淡路大震災の死者は五分の一以下になったという試算もある。つまり阪神・淡路大震災では、古い家に住み続けなければならなかった人々が選択的に犠牲になったのであった。

この事情は日本だけではない。一九七一年に米国カリフォルニア州ロサンゼルスのすぐ北でサンフェルナンド地震（マグニチュード6・6）が起きた。この地震の死者は六五名を数えたが、そのうち四五名は老朽化したある病院の建物が倒壊したせいで犠牲になったものだった。つまり、この病院さえ壊れなければ、死者は七〇%も少なくてすんだのである。

ちなみに阪神・淡路大震災では家屋や家具の倒壊による圧死が八割を超え、火災による焼死なども含めると、犠牲者のほとんどは地震の揺れによる震害が原因だった。

一方、東日本大震災では死者の九割以上は津波が原因だった。しかしこちらでも、高齢者や障害のある人たちの死亡率は、それ以外の人よりも二〜四倍も高かった。地震は弱いものを選択的に襲う、という構図が繰り返されてきているのだ。

4　都会は地震に弱い

六四〇〇人を超える犠牲者と三万人を超える負傷者、そして二四万軒を超える住宅の全半壊を生んでしまった兵庫県南部地震のマグニチュードは七・三だった。この地震のエネルギーは二〇〇三年十勝沖地震のエネルギーのたった十分の一、東北地方太平洋沖地震の一〇〇〇分の一のエネルギーにすぎなかった。

マグニチュード7クラスの地震は、平均すれば日本では一年か一年半に一度ずつ起きている地震である。日本とその近海でこのくらいの大きさの地震が起きたことはよくあったし、これからも起きる可能性がある。つまり兵庫県南部地震は日本にとってはそれほど珍しい大地震ではなかったのである。

阪神・淡路大震災の不幸は、日本にとっていわばありふれた地震が直下型として起きたうえ、人口密集地、つまり、もっとも地震に弱いところを襲ってしまったことなのだった。

阪神・淡路大震災の五年後に起きた鳥取県西部地震（二〇〇〇年、マグニチュード7・3）は兵庫県南部地震と同じ大きさの地震だった。震源が浅い直下型地震で、その意味でもよく似た地震だった。

　実際にこの地震で被害に遭われた方々や関係者にはお気の毒だが、この鳥取県西部地震では幸い死者はなく、負傷者約一四〇人（うち重傷は三一人）、住宅の全壊は三九〇戸と、阪神・淡路大震災とくらべてはるかに少ない被害だった。

　被害が少なかった第一の理由は、人口密集地帯ではなかったことだった。そのほか、中国地方は古くて硬い山地が拡がっており、比較的地盤がよかったこともある。

　もうひとつの例がある。一九九三年、阪神・淡路大震災の二年前に起きた釧路沖地震は、兵庫県南部地震よりも大きなマグニチュード7・8の地震だった。釧路の気象台で記録した加速度（地震の揺れ）は、兵庫県南部地震のときの神戸の気象台が記録した加速度よりも大きかった。つまり揺れとしては阪神・淡路大震災よりも釧路沖地震のほうが大きかったのである。

　しかしこの地震では、釧路市全体で建物の全壊は六軒にしかすぎなかった。理由として考えられるのは、北海道には重い瓦の屋根がほとんどなく軽いトタンの屋根で、建物が地震に強いことである。深い雪が積もってもつぶれないように家も強く造られていた。釧路市の人口は二〇万ほどだが、市街地が広く、人口密集地帯というには家と家の間隔も広く、道も十分に広い。地震の被害を大きくしない町の造りなのである。

　他方、たとえば、過密な都会である首都圏が兵庫県南部地震と同じ大きさの直下型地震に襲われたら、阪神・淡路大震災以上の大震災になる可能性は十分に高い、と言わざるをえない。

5　地震の名前は誰が、どうやってつける？

ところで、地震の名前はどのようにしてつけられるのだろう。以下は私が北海道新聞夕刊に連載していたコラム『魚眼図』（二〇〇〇年一〇月二三日）からの引用である。

地震の名前

鳥取県西部に起きた大地震に「鳥取県西部地震」という名前が付いた。なんとも当たり前のことに見える。

だが、地震に名前が付くまでには、実は大変な綱引きが水面下で行われているのである。一九六八年に十勝沖地震が起きた。函館で大学が倒れるなど、道南と青森県に大きな被害を生んだ。この地震の震源は、襟裳岬と八戸のほぼ中間点にあったから、青森県も大きな被害をこうむったのであった。

しかし、地震の名前が十勝沖だったばかりに、国民の同情を集めたり、政府の援助を獲得するうえで、青森県はたいへんに損をした、と青森県選出の政治家は深く心に刻んだのだろう。一五年後に秋田県のすぐ沖の日本海で大地震が起きたときに、この政治家はいち早く気象庁に強い圧力をかけたと言われている。

この地震は秋田県の沖に起きたのに、秋田沖地震ではなくて日本海中部地震と名付けられた。これはこの辺の事情を反映しているに違いない。地震学的に言えば日本海中部には地震は起きるはずがない。起きたのは日本海全体から言えば、東のほんの端である。日本海中部というのは、科学的にはなんとも奇妙な名前なのである。

そして今年、鳥取県の西部、島根県境からも岡山県境からもそう遠くないところに大地震が起きた。命名する立場にある気象庁の係官は、胃が痛くなるような思いをしたに違いない。

今回は拍子抜けだった。ここでは十勝沖地震のときとは逆さまのことが起きた。県の名前を付けられると観光客が減る、という「意向」が某県から伝えられたのだという。人口の集中に悩む都会を別にして、どの地方も農業や漁業や地場産業の不振が続き、頼りは観光だけという日本の現状が、地震の名前にも現われているのである。

なお、地震など自然災害の命名についての気象庁の公式見解は以下の通り。「地震情報に用いる地域名」などとお役人用語で書いているが、「震源地」とは書いていない。上に書いたように、その背景がいろいろあるのである。

顕著な災害を起こした自然現象については、命名することにより共通の名称を使用して、過去に発生した大規模な災害における経験や貴重な教訓を後世代に伝承するとともに、防災関係機関等が災害発生後の応急、復旧活動を円滑に実施することが期待される。
以上をふまえた命名についての基本的な考え方は次項のとおり。

命名の考え方

1　地震の規模が大きい場合
陸域：M7・0以上（深さ一〇〇km以浅）、かつ最大震度5弱以上
海域：M7・5以上（深さ一〇〇km以浅）、かつ、最大震度5弱以上または津波2m以上
2　顕著な被害（全壊一〇〇棟程度以上など）が起きた場合
3　群発地震で被害が大きかった場合等

名称の付け方

原則として、「元号（西暦年）＋地震情報に用いる地域名＋地震」

ちなみに、豪雨については、

命名の考え方

顕著な被害（損壊家屋等一〇〇〇棟程度以上、浸水家屋一万棟程度以上など）が起きた場合

名称の付け方

豪雨災害の場合は被害が広域にわたる場合が多いので、あらかじめ画一的に名称の付け方を定めることが難しいことから、被害の広がり等に応じてその都度適切に判断している

第3章 首都圏を襲う直下型地震

1 なぜ首都圏に地震が多い

じつは、都会としての首都圏が地震に弱いという以上に、首都圏の地震について心配なことがある。それは日本のほかの場所よりも首都圏に地震が多いということだ。

江戸に幕府が置かれて以来、東京は三〇回近くも震度5や震度6の地震に襲われている。三〇〇年あまりのあいだに、これだけたくさん強い地震に見舞われた場所は、日本ではめったにない。

それは、首都圏のある関東地方の地下は、四つのプレートが地下で衝突しながら地球深くへ潜り込んでいっているところだからである。四つのプレートとは、西から来るユーラシアプレートと北米プレート、東から来る太平洋プレート、そして南から来るフィリピン海プレート

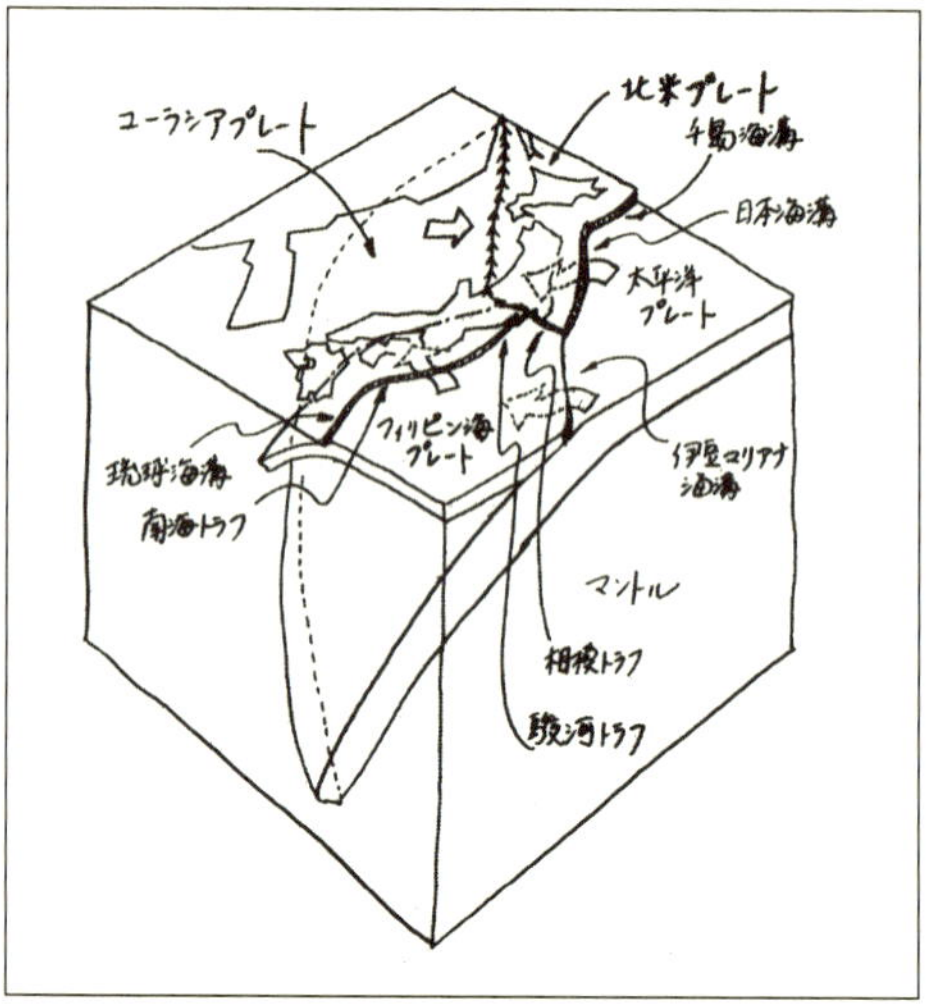

図５：日本付近の四つのプレート

の四つだ。

東京付近にこれだけ多くの地震が起きてきたことは、この四つものプレートが地下に集まってきて、おたがいに衝突しているからなのである。

関東地方より北の本州と北海道では、関東以北の東北日本を載せている北米プレートと東から来た太平洋プレートが衝突して、太平洋プレートが東北日本の地下に潜り込んでいっている。これらのプレートの相対速度は、年に一〇センチほどだ。そして、衝突で発生した地震のひとつが東日本大震災を起こした東北地方太平洋沖地震なのである。

また、西南日本はユーラシアプレートに載っていて、南から来たフィリピン海プレートと衝突している。そしてフィリピン海プレートは西南日本の地下に潜り込んでいっている。これらのプレートの相対速度は、年に四センチほどだ。このプレートの衝突は、東南海地震（一九四四年）や南海地震（一九四六年）を生み、そしてこれからは東海地震を発生させるのではないかと怖れられている。

関東地方から中部地方にかけては、地下に太平洋プレートとフィリピン海プレート、両方が潜り込んでいっていることになる。この両方のプレートがそれぞれの系列の地震を起こすばかりではなく、二つずつのプレートがこすれ合っていることによっても、また別の系列の地震を起こしているのである。

もし、日本の首都を江戸なり東京なりに定める前に、これらのことがいま分かっているくらい知られていたら、ここには首都などは置かれなかったかもしれない。

2　いままでに首都圏を襲った海溝型地震

これらの複数のプレートの動きゆえ、関東地方は歴史時代だけでも多くの地震に見舞われ、多くの被害をこうむってきた。くわしくは表を見てほしい。ここには首都圏の直下型地震だけではなく、東海地方に震源がある地震も入っている。これらも首都圏に大きな被害を及ぼしたのである。

フィリピン海プレートが関東地方が載る北米プレートと衝突して起こした関東地震（一九二三年）は、首都圏に震源を持つ地震であった。これは海溝型地震だが、それがプレートの地理的な配置ゆえに首都圏の直下型として起きてしまったという地震だった。この地震では死者・

表6：かつて首都圏を襲った地震

<table>
<tr><th>番号</th><th>発生日（西暦）
（グレゴリオ暦）</th><th>地震の規模
（推定マグニチュード）</th><th>地震の名称・通称（カッコは一般的な名前が確定していない地震）</th></tr>
<tr><td>1</td><td>818 年</td><td>7.5 以上</td><td>（弘仁関東）</td></tr>
<tr><td colspan="4">こうにん。相模・武蔵・下総・常陸・上野・下野で被害（房総半島を除く関東地方全域）。山が崩れ谷も埋まり、圧死者は数え切れないほどだった。正史の記事と地震後の詔の内容から、震央は関東の内陸かとも考えられている。</td></tr>
<tr><td>2</td><td>878 年 11 月 1 日</td><td>7.4</td><td>（元慶関東）</td></tr>
<tr><td colspan="4">がんぎょう　関東諸国で被害が出た。被害は相模（現神奈川県）・武蔵（現東京都・埼玉県）が最も多く、激しい余震が５～６日続いた。「公私の屋舎で完全なものは一つもなく、大地が陥没した。往来途絶し、圧死者は数え切れなかった」と記録されている。</td></tr>
<tr><td>3</td><td>1241 年 5 月 22 日</td><td>7</td><td>（仁治鎌倉）</td></tr>
<tr><td colspan="4">にんじ　鎌倉で被害が大きかった。由比ヶ浜の大鳥居内の拝殿流出、岸の船十余艘が破損。しかし地震の揺れの被害はわかっていない。『吾妻鏡』の記事は強い南風による高潮のようにも読めるが、地震による津波の可能性もある。</td></tr>
<tr><td>4</td><td>1257 年 10 月 9 日</td><td>7 ～ 7.5</td><td>（正嘉）</td></tr>
<tr><td colspan="4">しょうか　鎌倉で被害が大きかった。「神社仏閣で全きものは一宇もなし。山岳崩れ、家屋転倒。築地はすべて破壊」とある。各地で地が裂け水が涌出。裂け目から青い炎が燃え出た所もあった。</td></tr>
<tr><td>5</td><td>1293 年 5 月 27 日</td><td>7</td><td>（永仁）</td></tr>
<tr><td colspan="4">えいにん　鎌倉で被害が大きかった。建長寺が転倒し、ほとんど焼失した。他の寺院も、埋没、転倒、焼失など被害を受けた。死者多数。後世の史書には、死者２万 3000 人という数字を記すものもある。</td></tr>
<tr><td>6</td><td>1433 年 11 月 7 日</td><td>7 以上</td><td>（永享）</td></tr>
<tr><td colspan="4">えいきょう　関東各地で被害を生んだ大地震。家屋転倒も死者も多数出た。鎌倉の寺院にも大きな被害が出て、大山の仁王の首が谷に落ち込んだ。当時東京湾に注いでいた利根川の水が逆流したとの記録もある。</td></tr>
<tr><td>7</td><td>1605 年 2 月 3 日</td><td>7.9 ＋ 7.9（２つ以上の地震の複合）</td><td>慶長東海南海</td></tr>
<tr><td colspan="4">けいちょう　海溝型の東海・南海地震の祖先のひとつ。しかし不思議に京都・大阪では地震を感じたという記録がない。津波は東海、南海、九州沿岸のほか伊豆諸島や外房地域を襲った。「関東でも大地震（大揺れ）」と記した。京都の日記もあるが、関東の史料ではまだ揺れの被害は確認できていない。</td></tr>
<tr><td>8</td><td>1615 年 6 月 26 日</td><td>6¼ ～ 6¾</td><td>（元和江戸）</td></tr>
<tr><td colspan="4">げんな　江戸を中心に被害が出た。家屋が多数破壊し、地割れを生じた。死傷多数と記した史書もあるが、確実なことは分からない。たまたま大阪（大坂）城陥落の翌月だった。</td></tr>
<tr><td>9</td><td>1633 年 3 月 1 日</td><td>7.0</td><td>寛永小田原</td></tr>
<tr><td colspan="4">かんえい　特に小田原の被害が大きく、市内の家屋はほとんど倒壊した。死者 150 人、あるいは 1000 人とも言われる。小田原城の多門（矢倉門）塀壁等も全て破壊された。熱海に津波が襲来した可能性がある。震源は神奈川県西部と考えられている。</td></tr>
</table>

<table>
<tr><th>番号</th><th>発生日（西暦）
（グレゴリオ暦）</th><th>地震の規模
（推定マグニチュード）</th><th>地震の名称・通称（カッコは一般的な名前が確定していない地震）</th></tr>
<tr><td>10</td><td>1647年6月16日</td><td>6.5</td><td>（正保江戸）</td></tr>
<tr><td colspan="4">しょうほう　江戸を襲った大地震。江戸城も破損し、石垣が所々で崩れた。大名屋敷も多く破損し、上野の寛永寺にあった大仏の頭が崩落した。相模川下流の馬入川渡し口が崩れた。余震多数とあるから、震源が浅かったのであろう。</td></tr>
<tr><td>11</td><td>1649年7月30日</td><td>7.0</td><td>（慶安武蔵）</td></tr>
<tr><td colspan="4">けいあん　川越（元埼玉県）の町屋約700軒が大破、田畑に地変を生じた。江戸城も破損、石垣の崩れ、大名屋敷の被害は2年前の1647年の地震の被害を上回るものだった。日光東照宮も破損した。</td></tr>
<tr><td>12</td><td>1677年11月4日</td><td>8.0 ?</td><td>（延宝津波）</td></tr>
<tr><td colspan="4">えんぽう　磐城（現在の宮城県南部・福島県東部一帯）から房総半島にかけての太平洋岸と八丈島、青ヶ島（伊豆諸島）を津波が襲った。死者は430人以上。しかし津波の前に地震を感じたと記してあるのは銚子と上総一宮の現千葉県内の記録だけだったので「津波地震」だったかもしれない。震源は太平洋沖の海底と思われる。</td></tr>
<tr><td>13</td><td>1697年11月25日</td><td>6.5</td><td>なし</td></tr>
<tr><td colspan="4">鎌倉の揺れが強く、鶴岡八幡宮の鳥居が倒れ、民家にも被害が出た。江戸城の壁や石垣などにも所々破損を生じた。</td></tr>
<tr><td>14</td><td>1703年12月31日</td><td>7.9～8.2</td><td>元禄関東</td></tr>
<tr><td colspan="4">げんろく　大正関東地震と同じく相模トラフ沿いで起きた海溝型の巨大地震だが、1923年の地震より大きかった。小田原藩領の被害は壊滅的で、地震と火災で死者2000人を超えたほか、地震・津波・火災を合わせた死者は1万人を超えたという説もある。厚木（現神奈川県）でもほとんどの家が倒壊した。</td></tr>
<tr><td>15</td><td>1782年8月23日</td><td>7.0</td><td>なし</td></tr>
<tr><td colspan="4">大地震は午前1時頃に起きたが、その後も大小の地震が頻発した。群発地震のような地震だったのかもしれない。相模（現神奈川県）で震度が強く、小田原城も破損、民家1000軒近くが損壊。江戸城と市中でも被害。現静岡県の御殿場、裾野などで人家倒壊多数とある。</td></tr>
<tr><td>16</td><td>1812年12月7日</td><td>6</td><td>なし</td></tr>
<tr><td colspan="4">相模（現神奈川県）東部と武蔵（現東京都・埼玉県）南部、とくに保土ヶ谷・神奈川・川崎・品川辺りの被害が大きかった。最戸村（現横浜市港北区）で農家20軒と寺3軒大破。江戸市中、岩槻（現埼玉県）、木更津（現千葉県）など所々で小被害。</td></tr>
<tr><td>17</td><td>1853年3月11日</td><td>6.7</td><td>嘉永小田原</td></tr>
<tr><td colspan="4">かえい　小田原の被害が大きく、城も天守はじめ所々大破。市中では、竹花町・須藤町などほぼ全潰した町も多い。藩領の農家824軒が全潰、1405軒が半潰した。震源は神奈川県西部と思われる。</td></tr>
</table>

<table>
<tr><th>番号</th><th>発生日（西暦）（グレゴリオ暦）</th><th>地震の規模（推定マグニチュード）</th><th>地震の名称・通称（カッコは一般的な名前が確定していない地震）</th></tr>
<tr><td>18</td><td>1854 年 12 月 23 日</td><td>8.4</td><td>安政東海</td></tr>
<tr><td colspan="4">あんせい　南海トラフ沿いの海溝型の巨大地震。翌日にすぐ西隣の震源領域で「安政南海地震」が発生した。歴代の東海地震の中では関東南部の震度は最大級だった。江戸でも地盤の悪いところでは家屋が倒壊し、死傷者が出たところもあった。とくに大名屋敷で被害や死傷者が目立った。それは老中若年寄などの幕閣要人や、権威の高い大名が居住していた西の丸下や大名小路（今の八重洲から皇居外苑あたり）は中世までは海で、地盤が悪くて、大地震のたびに被害が出るところだったからだ。</td></tr>
<tr><td>19</td><td>1855 年 11 月 11 日</td><td>6.9（7.1 ～ 7.2 か）</td><td>安政江戸</td></tr>
<tr><td colspan="4">以前はM 6.9 とされてきがが、近年の地震史料収集の進展でM 7.1 ～ 7.2 ではないかと考えられるようになった。冬の夜 10 時頃発生したので火災の被害も大きく、地震による江戸の被害としては最大になった。死者は 7000 ～ 1 万人と推定されるが、町の住民については町役人の公式報告以外の数字は不確実だし、各藩にとって極秘事項だった武士の正確な死傷者も分かっていない。そもそも武家人口そのものが秘密であった。また、被差別部落、諸国からの出稼ぎ、流入窮民の被害も明らかになっていない。</td></tr>
<tr><td>20</td><td>1894 年 6 月 20 日</td><td>7.0</td><td>（明治東京）</td></tr>
<tr><td colspan="4">東京湾北部に震源があった地震。増えてきていた煉瓦積みなどの洋風建築が地震に弱いことが証明された。1891 年の濃尾地震を受けて 1892 年に設立されていた地震予防調査会により詳細に調査された。東京の死者 24 人、横浜・川崎で 7 人。</td></tr>
<tr><td>21</td><td>1895 年 1 月 18 日</td><td>7.2（7 弱か？）</td><td>（明治霞ヶ浦）</td></tr>
<tr><td colspan="4">震央は霞ヶ浦付近（茨城県南東部）。被害範囲は非常に広く、茨城・東京・埼玉・千葉・神奈川から福島・栃木・群馬の一部にまで及んだ。死者 9 人、全潰家屋 47。被害の拡がりが大きいことから見て、やや深い地震だろう。</td></tr>
<tr><td>22</td><td>1923 年 9 月 1 日</td><td>7.9</td><td>大正関東</td></tr>
<tr><td colspan="4">相模湾・神奈川県・千葉県南部を震源域とする海溝型（プレート境界型）の巨大地震。死者行方不明 10 万人以上は日本の地震史上空前になってしまった。これは地震後燃え広がった火災による死者が多かったためだ。</td></tr>
<tr><td>23</td><td>1930 年 11 月 26 日</td><td>7.3</td><td>北伊豆</td></tr>
<tr><td colspan="4">この年 2 ～ 5 月に「伊東群発地震」が起こっていた。11 月に入って前震が発生し、本震に至った。本震後の余震も多かった。山崩れ・がけ崩れが多く、死者 272 人、全潰家屋 2165 軒に達した。掘削中の東海道線の丹那トンネルが 2 メートルも横ずれを起こしたのでトンネルを修正した。</td></tr>
<tr><td>24</td><td>1931 年 9 月 21 日</td><td>6.9</td><td>西埼玉</td></tr>
<tr><td colspan="4">震央は埼玉県北西部の山地と平野の境界部だが、被害はむしろ地盤の軟弱な荒川・利根川沿いの平野部で多かった。死者は埼玉県で 11 人、群馬県で 5 人だった。</td></tr>
</table>

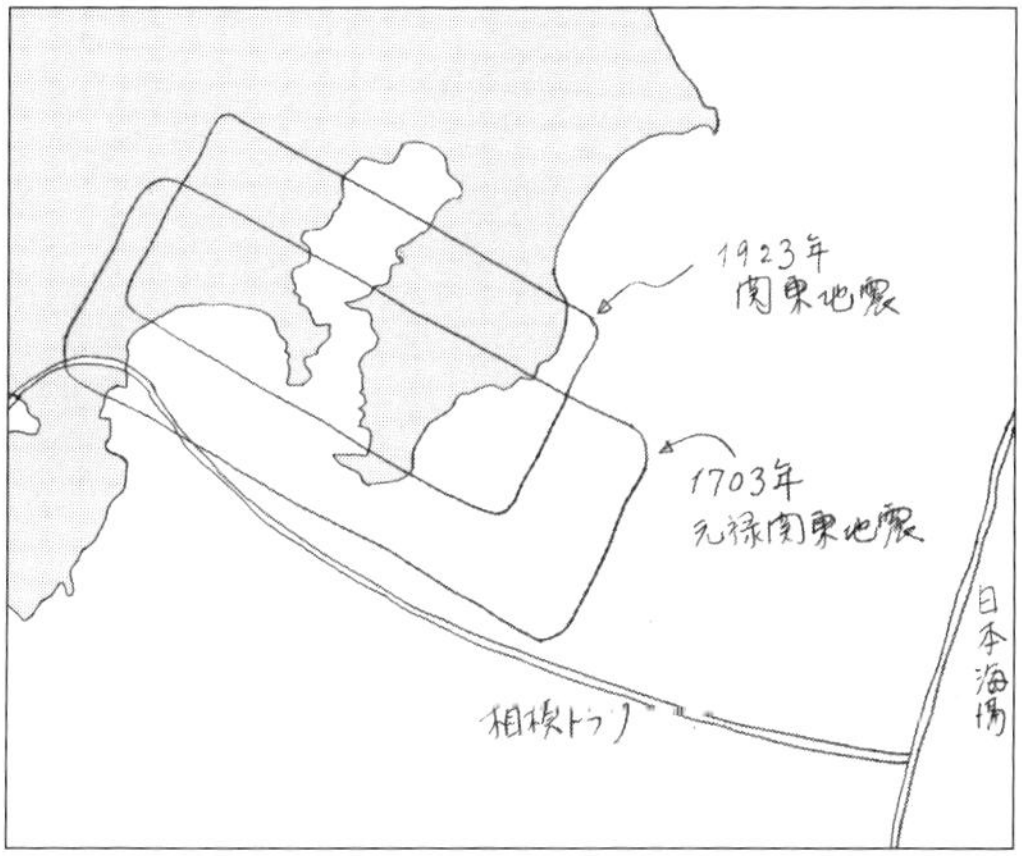

図７：関東地震と元禄関東地震、駿河トラフで起きた海溝型地震の震源

行方不明者が一〇万人を超え、日本史上最悪の地震被害になった。

関東地震は海溝型地震ゆえ、内陸直下型地震とはちがって、昔から繰り返してきた地震である。そのひとつ前の大地震は一七〇三年の元禄時代に起きた元禄関東地震だった。これは大正関東地震と同じく海溝型の巨大地震だが、地震の大きさ（マグニチュード）としては、関東地震よりやや大きくてマグニチュード8・1と推定されている。この地震は京都や奈良でも感じられた。

元禄関東地震では、房総半島から伊豆半島まで津波による死者は数千人。なかでも小田原の被害は壊滅的で、地震と火災で死者は小田原だけで二〇〇〇人を超えたほどの地震だった。鎌倉では鶴岡八幡宮へも津波が押し寄せた。

この二つの地震はともに海溝型地震だが、震源はわずかに異なる。関東地震の震源は相模湾から神奈川県のほぼ全域、そして千葉県房総半島にかけての地域の地下に拡がっていた。一方、元禄関東地震の震源はもう少し東にも伸びていて、房総半島の沖の海底から日本海溝までの海底を震源にした海溝型地震だった。

なお、これらふたつの海溝型地震を起こしたプレートの衝突の最前線は、「海溝」ではなくて「相模トラフ」という名前がついている。実態は海溝なのだが、じつは海溝というものがプレートの衝突で造られたものだという事実が分かるより前の時代に海底地形が調べられ、それがほかの海溝よりも幾分なだらかだったために、相模「トラフ」という、海溝とは違う名前がつけられてしまったものだ。

駿河湾から紀伊半島、そして四国の沖まで伸びている「海溝」も、同じような事情で「駿河トラフ」や「南海トラフ」と名づけられている。なお、その先は台湾沖までの琉球「海溝」である。

3　関東大震災からなにを学ぶ

かつて首都圏を襲った地震としては関東地震が最大のものだった。日本史上でも最大の被害を生んだ地震である。地震のマグニチュードは7・9。死者・行方不明者一〇万人以上を生んだ大災害「関東大震災」を引き起こした。

関東地震は海溝型地震とはいっても地震断層は陸地の下にまで延びていた。つまり地震としての起きかたや性質は海溝型でも、起きた場所からいえば、間の悪いことに直下型地震の性質も持つ地震だったのである。

この地震の大きさは同じ海溝型地震の仲間としては、近年の三回の十勝沖地震（一九五二年、一九六八年、二〇〇三年）や、東南海地震（一九四四年）、それに南海地震（一九四六年）よりもやや小さ目だった。ではなぜ日本の歴史で最大の被害を生んでしまったのだろう。

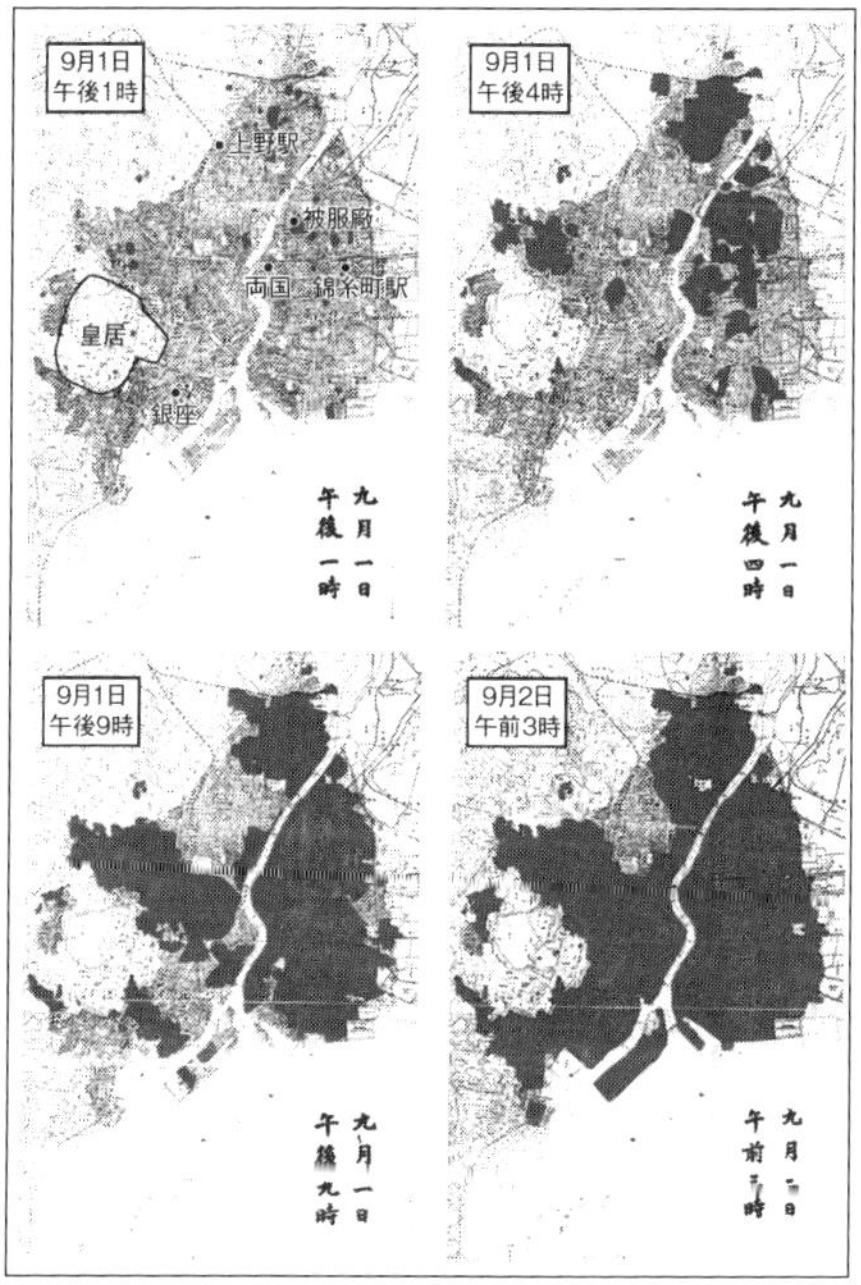

図8：関東大震災。火事はこのように拡がった

最大の原因はこの地震が人口密集地を襲ったからなのだ。当時の東京は日本でいちばんの大都会だった。とはいっても当時の東京の人口は二二〇万人で、現在の東京都の六分の一しかなかった。それでも、これだけの被害になってしまったのである。

この地震による死者の九割は火災による死者だった。地震のあと何日間にもわ

写真９：ハンブルグの黒焦げになった教会＝島村英紀撮影

たって燃えつづけ、住宅地をなめ尽くした火事が、日本最大の地震被害を生んでしまったのであった。

地震のあと、水道も、電気も、電話も止まっていた。消防車が走るべき道も、崩れた瓦礫がふさいでいた。水道が止まったから、当時かなり普及していた消火栓も使えなかった。このため火は次々に燃え広がっていった。地震の翌日には、東京の中心部の多くは燃え尽きて、火はさらに周囲に拡がっていったのだった。

大きな火事が起きると、空気が熱せられて軽くなり高く上がっていく。するとまわりから空気が吹きこんできて風が強くなり、火の勢いはさらに増していく。これを「火災旋風《かさいせんぷう》」という。火事が火事を呼ぶ恐ろしい現象だ。

原因は地震ではなかったが、第二次大戦でドイツ北部の大都市、ハンブルグが米英などの連合軍の空襲（空爆）のために燃え上がって火災旋風が起きて、たいへんな被害を出したことがある。日本のような木造家屋がないドイツでも、火災旋風による火事は恐ろしいものなのである。ハンブルグでは戦後七〇年近くたったいまでも、黒焦げになった教会が残っている。

関東地震では、火事が近づくと人々は争って家財道具を家から持ちだして、大八車（木製の荷車）などで逃げようとした。ところがその車が道をふさいで消防活動を邪魔したばかりでなく、車に積んだ家財に火が移り、その火が橋渡しになって火は道を越えてさらに燃え広がっていったのだった。

とくに悲惨だったのは、逃げ場になる空き地が少なかった東京の下町の人たちだった。いまの東京都墨田区にあった被服廠《ひふくしょう》の跡地では、火に追われて四万人もの人たちが集まってきたが、猛火に襲われここだけで三万三〇〇〇人もの人たちが焼け死ぬことになってしまった。

写真10：東京都震災祈念堂と猛火で熔けて崩れ落ちた工場の鉄柱＝島村英紀撮影

いまここには横網《よこあみ》公園があり、東京都の震災祈念堂が建てられていて慰霊堂があるほか、構内にある復興記念館には震災の遺品が展示されている。なかには、震災の猛火で熔けて崩れ落ちてしまった工場の鉄柱もある。
このように関東地震は、近代的な都市がい

かに地震に弱いかということを露呈してしまった地震であった。地震の揺れによる直接の被害よりも、地震によって起こされた火事などの二次的な災害のほうがずっと大きい被害を生むこともあることが、日本ではじめて分かったのだ。

じつは、このことを事前に警告していた地震学者がいた。東大（当時の帝国大学）の助教授だった今村明恒で、彼の警告は無視されてしまったばかりか、上司やメディアからも誇大だとして攻撃された。この辺の事情は私が書いた今村明恒についての小論（205頁）を見てほしい。

もし東京が人口密集地でなければ、たとえ火事が出ても人々は逃げればいいのである。逃げるところがない過密都市だからこそ、一〇万人以上という日本史上最大の被害を出してしまったのであった。関東大震災の例のように、人口密集地は地震にはとても弱いところなのだ。

いまの東京の人口は、関東大震災のときの東京の六倍、一三〇〇万人を超えている。それだけではない。東京都の境を超えて埼玉県、神奈川県、千葉県など、隣接の県まで一面の家続きになってしまった現在の首都圏の人口密集圏の人口は、三五〇〇万人にもなっている。

海溝型地震がよく起きる環太平洋地域のなかで、これだけの人口が集まっているのは、日本の首都圏しかない。

4　いままでに首都圏を襲った直下型地震

しかし首都圏で起きる地震は、こうした海溝型地震だけではない。関東地震や元禄関東地震のようなプレートが直接起こす巨大地震とはちがって、多くの直下型地震が起きてきた。しかもこれらの直下型地震については、どんな地震断層がどう動いて地震をひき起こしたのか、肝腎なことがわかっていない地震が多いのがこの地域の地震の特徴でもある。

江戸に幕府が置かれて以来、いまの首都圏は三〇回近くも震度5や震度6の地震に襲われたことを前に述べた。

この三〇回のうちで、いちばん多くの被害を生んだのは一八五五年（安政《あんせい》二年）の「安政江戸地震」だった。

安政江戸地震は、日本での直下型としては最大の被害を生んだ地震だった。一万人以上が犠牲になり、一万四〇〇〇軒の家が壊れたり燃えたりした。直下型ゆえ、被害は直径二〇キロあまりの狭い範囲だけに集中していたが、そこにちょうど江戸の下町があったのが不幸だった。

なかでも被害が大きかったのが江戸城の外濠に囲まれた区域で、老中や大名の屋敷が立ち並ぶ「御曲輪内《おくるわない》」といわれたところだった。町名でいえば小川町、小石川、下谷《したや》、浅草、本所、深川だった。日比谷の入江埋立地、本所、深江といった低地の埋立地で被害が日立った

起きたのは西暦では一一月一一日。初冬の夜の一〇時頃発生した。このため、家屋倒壊だけではなく、暖房に火を使っていたための火災被害も大きく、地震による江戸の被害としてはそれまでで最大になってしまった。

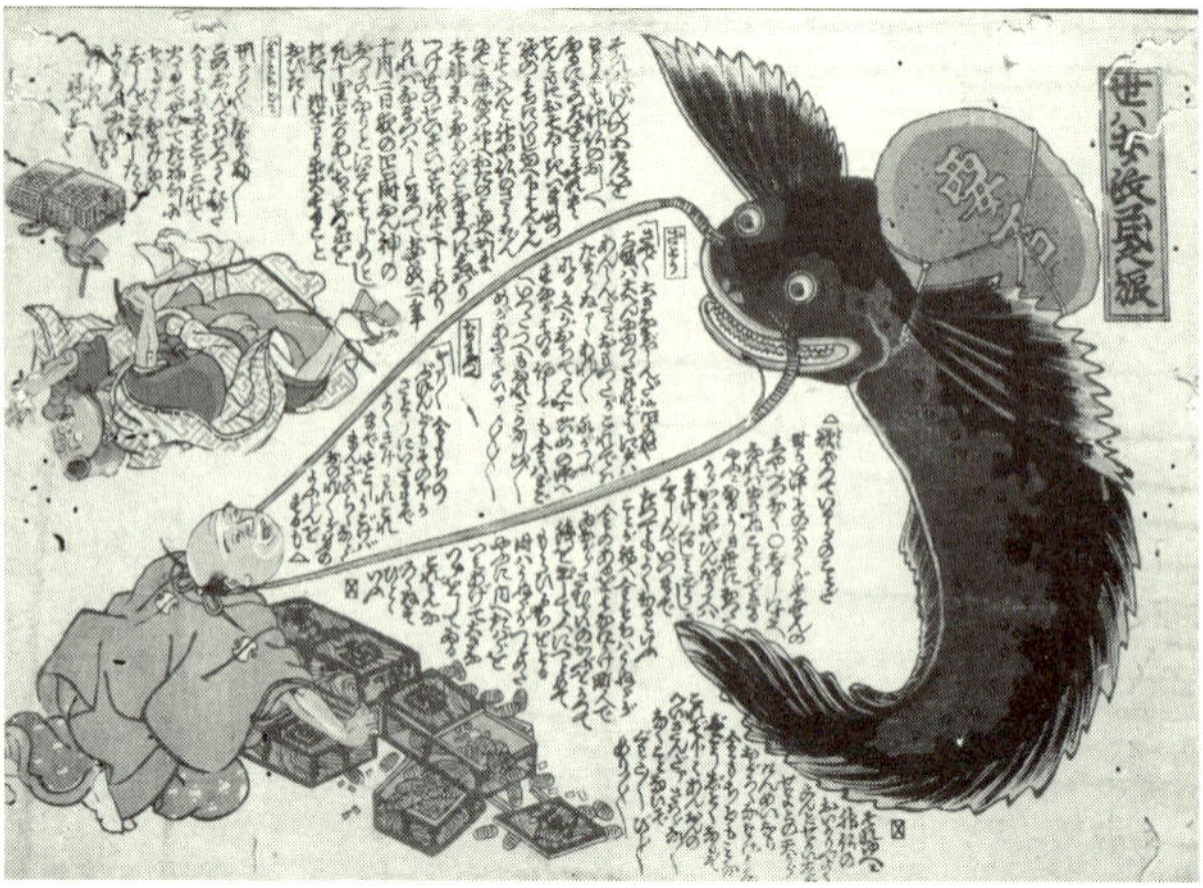

図 11：安政地震の鯰絵の瓦版＝島村英紀撮影

犠牲者数は七〇〇〇～一万人と推定されているが、正確な数はよくわかっていない。もっと多かったのではないかと思われている。

ひとつには、町の住民についてだけは町役人の公式報告があるが、それ以外に多数いた住民、たとえば被差別部落の人々、諸国からの出稼ぎ者、流入窮民などについての実態は分かっておらず、それゆえ死者数もわかっていないからである。

そのほか江戸にあった各藩の武家人口そのものが秘密であったうえ、各藩にとって、いわば弱みをさらけ出すことになる死傷者数は極秘事項だったこともある。

たとえば水戸藩では小石川、駒込、本所の三ヶ所にあった水戸藩邸がすべて地震被害を受け、藤田東湖と戸田蓬軒という水戸斉昭の両腕とも呼ばれた名士がこの地震で圧死してしまった。のちに西郷隆盛は藤田東湖の死を知って、興奮の余り自ら髷を切ろうとして同僚に止められたという話が残っている。

しかし、失うものが少ない庶民は強かった。地震後すぐに「瓦版」という庶民向けの大衆メディアだった木版画の本が発行され、「鯰絵」が多数作られて、金持ちや支配層が地震に痛めつけられたのを痛烈に皮肉った。鯰は、日本では、古来、地下にいて地震を起こす動物と考えられていた。

鯰絵は、確認されているだけでも二五〇を超え、実際はずっと多かったと考えられている。当時の書籍や浮世絵は幕府の検閲を受けていたが、鯰絵はほぼすべてが無届けの不法出版だった。それゆえ、取締まり逃れのため作者や画工の署名がないものが普通である。

推定されているこの安政江戸地震のマグニチュードは、以前は6・9とされてきたが、近年の地震史料収集の進展でマグニチュードはもっと大きく、7・1〜7・2クラスではないかと考えられるようになっている。つまり兵庫県南部地震（阪神・淡路大震災）よりわずかに小さいだけの地震だったらしい。

そして、阪神・淡路大震災のように、いわゆる巨大地震には入らないこのくらいの地震でも、都市の直下で起きれば大被害を生むのである。

この安政江戸地震の震源の深さ、および四つのプレートのうちどのプレートが起こした地震かについては、過去、いろいろな学説があった。とくに震度4相当の揺れだった地域が、震源から五〇〇キロ以上も離れた宮城県石巻、新潟、岐阜、愛知県豊川といった広い範囲に広がっていることが古文書から知られていたから、震源は比較的深いのではないかという説が強かった。

しかし最近の研究では、この地震は関東平野直下の地殻内で起きた浅い地震であった可能性が高い。これは厚さ三〇キロほどの地殻内で発生し、その地殻の内部で反射を繰り返しながら遠くまで、あまり弱くならずに伝わっていく「地殻内トラップS波」というものがちゃんと計算できるようになったからだ。

この「地殻内トラップS波」の研究は、兵庫県南部地震（一九九五年）や鳥取県西部地震（二〇〇〇年）で、震源距離が数百キロにも達した広い範囲に震度3〜4の大きな震度が現れた原因を究明する研究で明らかになった。この研究を安政江戸地震にも応用してわかったものだ。

つまり首都圏では、ごく浅いところにも「地震の巣」があって、阪神・淡路大震災を引きおこした兵庫県南部地震のような地震が首都圏でも起きていたこと、そして将来も起きうることが分かったことになる。

5　明治東京地震は地震学を育てた

そのほか、一八九四年（明治二七年）には明治東京地震が起きた。この地震のマグニチュードは7・0だった。震源は東京湾の北部だと推定されている。

このとき東京や横浜などでは最大震度6相当の揺れに襲われ、三一名の死者を出した。そのうち東京で二四人、横浜と川崎で七人だった。

死者がこのくらいの数ですんだのは、この地震の震源が内陸直下型地震としてはかなり深いものだったためだと思われている。

明治時代の文明開化で西洋風の煉瓦建築が首都圏で増えてきていた。欧州など地震がない国では、煉瓦造りとは煉瓦をたんに積んだだけの洋風建築である。それをそのまま真似た日本の洋風住宅が地震にいかに弱いものであるかが、この地震で明らかになった。この意味では日本の耐震建築の一里塚になった地震でもあった。

西洋から導入されたのは西洋建築だけではなかった。早急に西欧に追いつくために、明治時代には、外国人科学者や外国人教師を「お雇い外国人」(「お抱え外国人」ともいう)として多数、高給を払って日本に呼んでいた。その人数は八〇〇〇人以上にも及んだ。

なお「御雇《おやとい》」とは、もともと外国人に限ったものではない。江戸時代後期になって、専門的な技芸を持つ、武家ではない身分の者を、幕府の「御用」に徴用することを指した言葉だ。そして幕末近くから各藩が競って外国人を抱えて雇用したためにお雇い外国人が増えた。明治維新以後は、さらに急速に増えた。

お雇い外国人には多くの工学系の専門家がいた。鉱山技師として日本に招かれたジョン・ミルンはその一人だった。

写真12：アゾレス諸島での大森式地震計と同地の地震観測所長＝島村英紀撮影

ミルンが生まれて初めて地震の洗礼を受けたのは、来日三年後に横浜で起きたマグニチュード5・5の地震だった。日本人は慣れっこになっている震度4くらいの地震でも、地震がない国から来たミルンは肝をつぶしたのにちがいない。

ミルンらは、日本で体験した地震をきっかけに地震の研究をはじめ、やがてミルンは「ミルン式地震計」といわれる世界初の地震計を日本で作った。この明治東京地震の約一〇年前のことだった。その地震計は気象庁（当時の東京気象台）に採用され、明治東京地震を記録した。またミルンは世界でも最初の地震学会を日本で組織した。

なお、少し遅れて一八九八年ごろに東大（当時の東京帝大）教授だった大森房吉は「大森式地震計」を作った。この地震計はよく作られていたので、その後、世界各地で使われることになった。じつはその前にあったミルン式地震計は、地震計にとって大事な「制振器」という装置を持っておらず、このために正確な地動を記録することが出来なかった。

私が一九九二年に大西洋の真ん中にあるアゾレス諸島に行ったときは、まだこの大森式地震計が動いていたし、ベルゲン大学（ノルウェー）では、使わなくなった大森式地震計を、ガラスの展示棚に入れて学生食堂に飾ってあった。

明治東京地震の震源はかなり深かった。その意味では安政江戸地震とは違う。震源の深さは正確にはわからなかったが、首都圏の地下に東から潜り込んでいる太平洋プレートと首都圏が載っている北米プレートの二つのプレートの間に、さらに三つ目として南から潜り込んでいるフィリピン海プレート内で起きた地震ではないかという説もある。いずれにせよ、首都圏直下の複雑なプレートの動きが起こした、首都圏地下でしか起きない地震だった。

震源の深さは約八〇キロではなかったかという研究もある。この地震では、神田、深川、本所といった下町に被害が多いのが特徴だったが、深い地震だったので、震度分布も東京湾の奥や西部の湾岸でも大きな震度が観測されている。

じつはこの明治東京地震の震度分布は、二〇〇五年に起きた千葉県北西部の地震と似ていた。この地震は、その年の七月二三日に一三年ぶりに首都圏を襲った震度5の地震だった。この地震の震度分布については83頁でくわしく述べよう。

千葉県北西部の地震のマグニチュードは六・〇だったが、幸い、震源の深さが七三キロもあって直下型というにはやや深かったので、被害はほとんどなかった。しかし一都三県でエレベーターが六万四〇〇〇基も停止したり、交通機関も何時間にわたって乱れるなど、大きな騒ぎになった地震だった。

私はこの地震が起きたとき、羽田へ着陸する直前の飛行機に乗って帰京する途中だった。この地震で着陸が遅れただけではなくて、羽田から都心へ向かう交通機関がすべて止まっていて往生したのを憶えている。

このように首都圏の地下には、他の地域でもよく起きる、震源が浅い安政江戸地震タイプの内陸直下型地震に加えて、さまざまな深さの直下型の地震が起きる可能性があるのだ。

6　掘りかけのトンネルを三メートルもずらせてしまった活断層地震

このほかにも、地下で四つものプレートが押し合っている関東地方では、歴史上多くの直下型地震が起きてきている。

たとえば北伊豆地震（一九三〇年）。マグニチュード7・3の直下型地震で、伊豆半島の根元を襲い、死者二七二人を記録した。この地震は、北は福島、新潟県、西は大分県まで揺れを感じるほどだった。

当時の東海道線は、神奈川県の松田から御殿場まわりで沼津へ抜けていた、つまりいまの御殿場線が東海道線だったが、御殿場まわりではなくて、線路をまっすぐにしようと丹那トンネルを掘っている最中だった。

しかしこの地震で、掘っていたトンネルが約三メートルも横にずれてしまった。このため、トンネルを曲げて修正した。いまでも、東海道線に乗っていて注意深く観察すると、このトンネルの曲がりが体感できる。

この丹那トンネルの工事は、吉村昭の小説『闇を裂く道』にあるように、想像を絶する難工事だった。何度もの落盤事故で六七名もが犠牲になった。もともと七年で完成する予定だった工事は、足かけ一六年もかかってようやく終わった。

工事中の夥しい出水は、芦ノ湖の水量の三倍にも達したばかりではなくて、トンネルから一六〇メートルも上にある盆地に渇水と不作の被害までもたらした。ワサビ農民の一揆も起きた。

トンネルを掘っているときにはもちろん知られていなかったが、このトンネルを横にずれさせたのは活断層なのである。活断層とは地震をくりかえし起こす断層のことで、ここにある活断層は丹那断層といわれるものだ。

この活断層は、過去に数百回の地震を起こしながら、食い違いを蓄積してきている。だから、この辺の山も谷も、すでに一キロも南北に食い違っている。北伊豆地震はその数百回のうちの一回だったのである。

つまり、掘ったときはまだ知られていなかったが、丹那トンネルも新丹那トンネルも、図らずも活断層を掘り抜く工事だったのである。

この地震は地上にも食い違いを残した。丹那断層は地震の五年後に国の天然記念物に指定され、看板を立てて保存されているので、いまでも断層を見ることが出来る。

活断層ゆえに破砕帯も多く、岩は崩れやすく、地下水もそこに集中していて大量に水が出たのも当然だったのだ。しかもその活断層が起こす地震が、工事中に起きてしまったのである。

この活断層の調査は新幹線の新丹那トンネルが通ったあとの一九八〇年代に行われ、活断層が地震を起こす周期が七〇〇年から一〇〇〇年だと分かった。じつは日本の活断層の中で、この活断層が、いちばんよく性質や繰り返しが分かっている活断層なのだ。東京郊外にある立川断層（190頁）など、この断層よりは、ずっと曖昧なことしか分かっていない活断層が多い。

このように、ここの活断層の性質がある程度分かっているので、次の大地震がいつ起きるかまったく分からない場所が多い日本では、この丹那トンネルや新丹那トンネルは、それでも相対的には安全なところなのだ。

活断層は、また必ず活動して次の地震を起こすだろう。そのときに丹那トンネルも、新丹那トンネルも、二、三メートル食い違うに違いない。なお活断層については、179頁以下にくわしく述べよう。

7　震源よりも遠いところがいちばん揺れた西埼玉地震

この北伊豆地震の一年あとの一九三一年には西埼玉地震が起きた。マグニチュードは6・9

だった。この地震では埼玉県で一一人、群馬県で五人の死者が出た。また住宅の被害は全半壊合わせて約二〇〇軒だった。だが、当時の人口密度と建物の数を考えれば、いまもしこの地震が再来したら、被害ははるかに大きくなることが予想される。

震源は深さが三キロとされている。とても浅い震源で典型的な内陸直下型地震だった。震源は埼玉県の北西部、寄居《よりい》の近くだった。関東平野とそれを取り囲む山との境である。

しかし、いちばん揺れたのは震源から東に三〇～四〇キロも離れた埼玉県北東部の、荒川や利根川が流れる沖積地である平野部だった。県の中部にある熊谷よりももっと東である。同じ距離でも台地の部分では揺れはずっと小さく、被害もなかった。

当時はまだ地震計がほとんどない時代だった。あとで述べる一九四四年の福井地震のときでさえ、福井県内では地震計が一台しかなかった。

それゆえ、各地がどのくらい揺れたかという地震計の記録はない。そのため当時の学者は各地の墓地を訪ね、墓石の転倒率を調べてまわった。揺れが大きいほど、墓石の転倒が多いからである。

その結果、平野部の沖積地の旧河道の上では、ほぼ一〇〇％墓石が倒れていた。これに対して丘陵地に入ると、谷底面や沖積低地にある自然堤防上は七〇％と下がり、新期扇状地面上は三〇～五〇％とさらに下がった。そして更新統に属する「櫛引台地」や「江南台地」といった台地では墓石はほとんど転倒していなかった。

つまり直下型地震では、震源の真上がいつも揺れがいちばん大きいわけではなくて、地盤の善し悪しで実際の揺れはずいぶん違ってくることが分かったのであった。

8 明治霞ヶ浦地震は「地震の巣」で起きた

一八九五年（明治二八年）、茨城県霞ヶ浦付近で直下型としてマグニチュード7・2の地震が起きた。この地震で死者四名（一説には九名）、全壊家屋約五〇棟が出たと記録にある。

この地震の震源は霞ヶ浦だった。しかし被害が及んだ範囲は茨城だけではなく、東京、埼玉、千葉、神奈川、そしてさらに福島、栃木、群馬にまで達していた。このように被害の拡がりが大きいことから見て、震源はやや深かったと考えられている。

じつはこの震源がある茨城県南西部は「地震の巣」なのである。特別な大地震の余震を除いて日本での有感地震（人体に感じる地震）の地図を作ると、茨城県南部には目玉のように、全国でもまれなほど有感地震が多い。

これは、地下で太平洋プレートやフィリピン海プレート、それにユーラシアプレートがおたがいにせめぎ合っているなかでも、特別に地震がよく起きるところなのである。

江戸時代の大衆メディアだった鯰絵にも、地震を起こす大鯰の頭と尻尾を重ねて、要石《かなめいし》という石で押さえている絵がいくつかある。この要石は、茨城県鹿嶋市の鹿島神宮と千葉県香取市

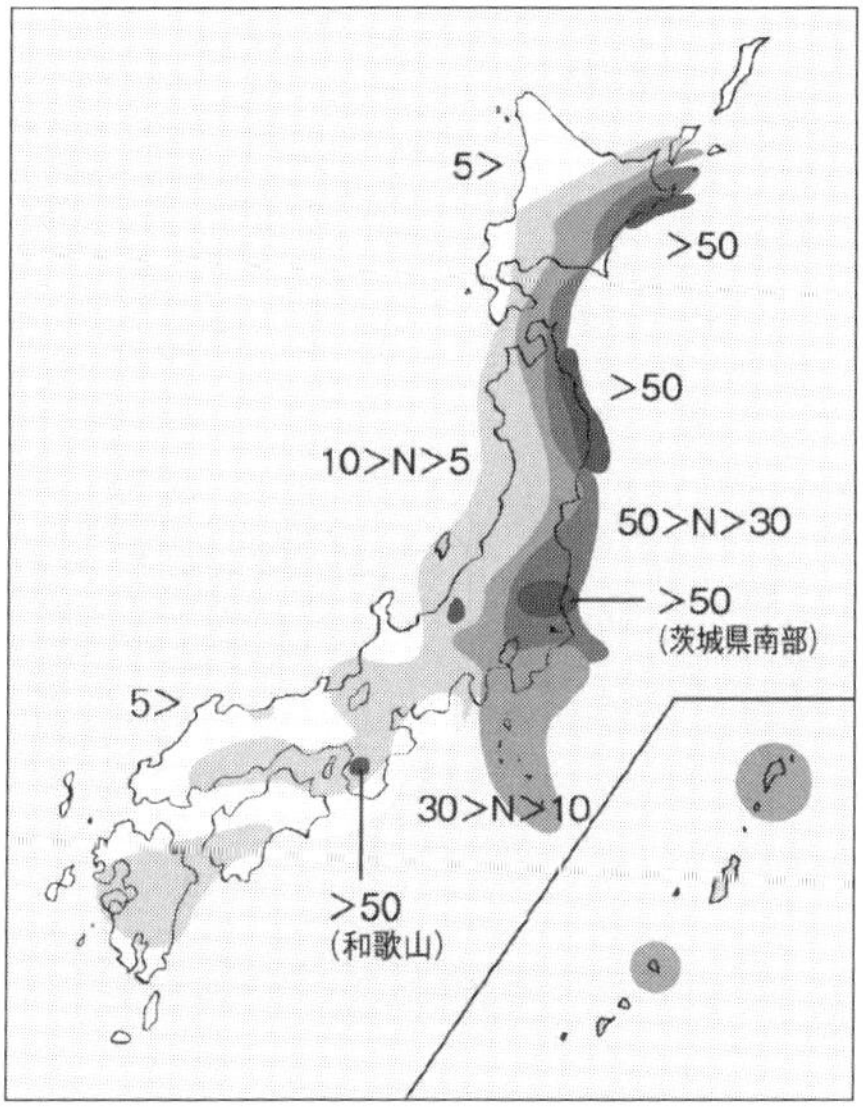

図 13：日本で 1 年に起きる有感地震。

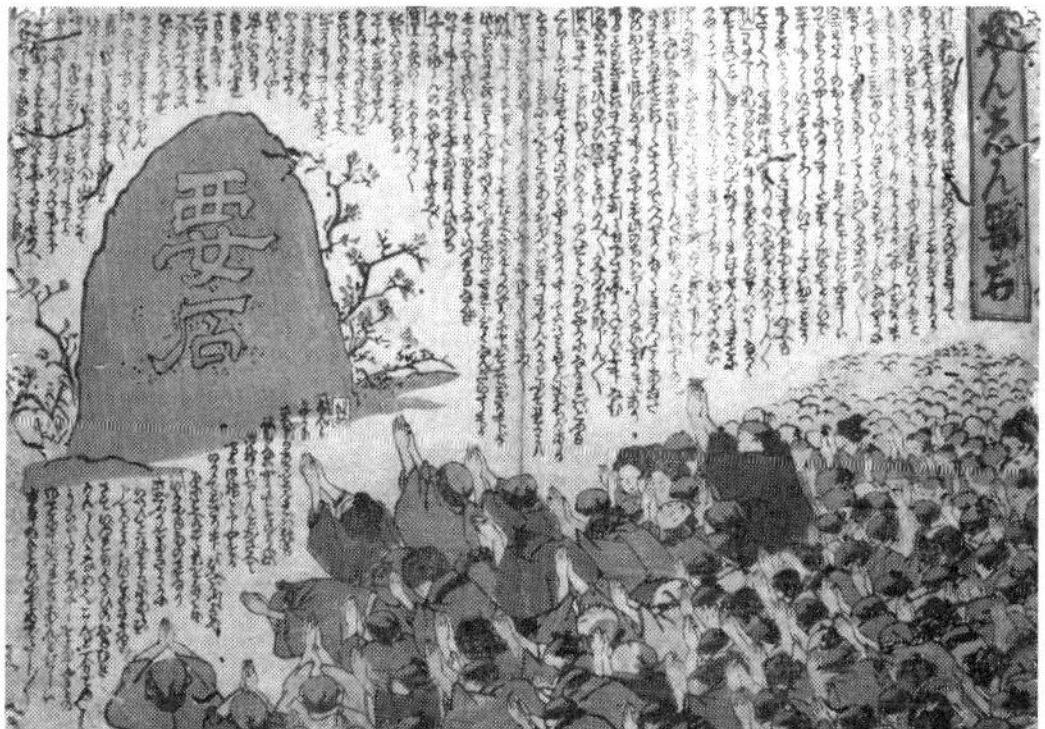

図 14：要石を描いた江戸時代の鯰絵＝島村英紀撮影

の香取神宮にある。昔の人は、この辺が地震の巣だということをちゃんと知っていたのである。

　この地震の巣では深さ三〇～七〇キロのところで、よく地震が起きる。被害を生じた地震としては、この明治霞ケ浦地震のほか、一九二一年の竜ケ崎付近の地震（マグニチュード7・

0）や一九三〇年の那珂川下流域の地震（マグニチュード6・5）などがあった。このほかもう少し小さい地震は、一九八三年や二〇〇五年など頻繁に起きている。

人家が少なく都市の規模も小さかった明治時代ではなくて、現代にこの明治霞ヶ浦地震が再来したら、はるかに大きな被害を出す可能性が高い。茨城県南西部は、いまや首都圏のベッドタウンとしておびただしい数の家で埋まっている。用心すべきであろう。

9　地盤によって震度が四段階もちがう

関東地震は、前に書いたように、海溝型地震が直下型地震として起きてしまった大地震だった。震源は東京南部と神奈川県から房総半島の地下まで及び、その大きさは東西に約一〇〇キロあまり、南北に約五〇キロほど拡がっていた。

しかし、ここで特徴的なことがあった。それは、震源の真上でも房総半島には震度が小さいところがあり、一方、震源から離れていても東京北部や埼玉県南部のように震度が大きいところが目立ったことだった。

これは地盤の善し悪しを反映している。震源から同じ距離だけ離れていても、その場所の震度が、いまの震度階で周囲と四段階も違うことさえある。

つまり、地盤の悪いところでは地震の振動が増幅されてしまうのである。地盤による振動の

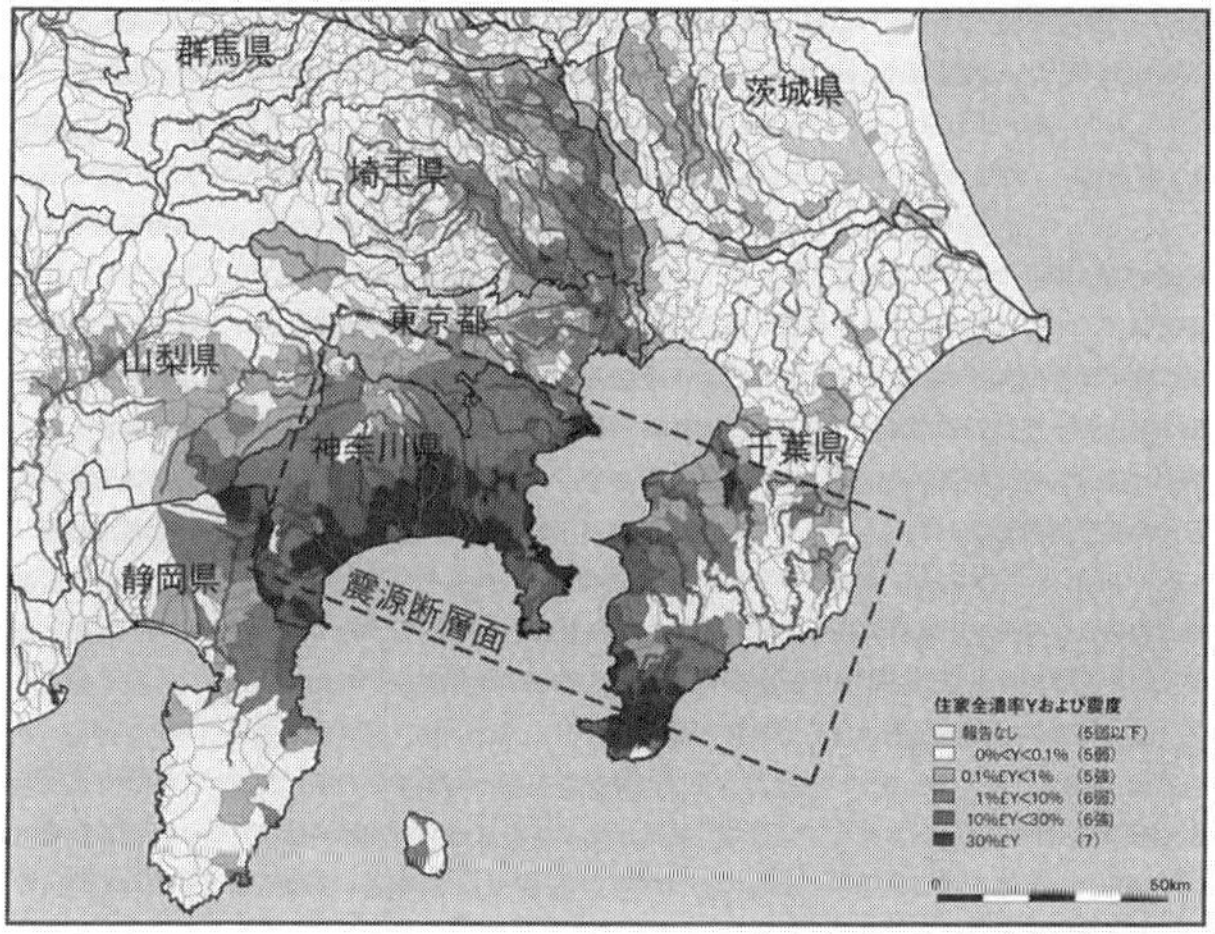

図 15：関東地震の震源と震度

増幅は、皿に載せたこんにゃくを皿ごと振っているようなものだ。皿の動きよりは、上に載せたこんにゃくのほうがずっとたくさん揺れることになる。

そして、この図に示されている震度が大きいところは、関東地震に限らず、将来起こりうる別の地震でもやはり震度が大きくなる可能性が高い。

たとえば、75頁に書いたように、一三年ぶりに首都圏を襲った震度5の地震が二〇〇五年に起きた。震源は千葉県北西部、震源の深さは七三キロだった。しかし、この地震の震度分布は奇妙な形をしていた。普通の地震のように震源から同心円状に震度が減っていくのではなくて、特定のところに震度の大きいところが集中していたのだ。

そして最大の震度であった5強は震源からかなり離れた東京都足立区で記録されていた。震度5弱は東京都江戸川区から西へ大田区、川崎市川崎区、横浜市中区。一方、震源をはさんで反対側の東へは千葉県浦安

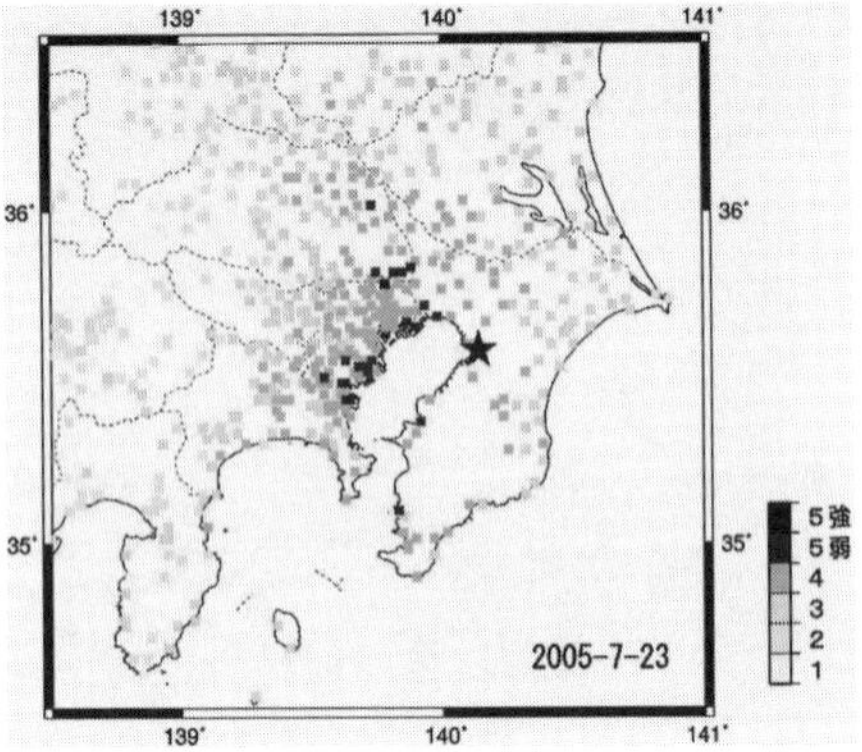

図16：2005年首都圏地震の震度分布。纐纈による

市、市川市、木更津市など東京湾沿岸の埋立地で震度5弱が観測された。

しかしそれだけではなく、内陸の東京都足立区から埼玉県草加市、鳩ヶ谷市、八潮市、三郷市や宮代町にまで震度5弱が広がっていたのであった。

震源に近い東京湾から北に向かってくわしく震度を見ていくと、東京湾岸にある江戸川区では震度5弱だったが、少し内陸に入ると震度4になった。だが、さらに北の足立区から埼玉県南東部にかけて再び5弱（5強を含む）となっていたのだった。

これらの震度5、震度4、そしてその先で再び震度5を記録した場所の地盤は、それぞれ埋立地、三角洲・海岸低地、後背湿地だった。

埋め立て地は揺れやすい。一方、三角洲・海岸低地は砂の地盤で地震では揺れにくい地盤である。他方、後背湿地は揺れやすい地盤だ。震源からの距離を考えに入れれば埋立地よりむしろ揺れやすい地盤であることが図から見て取れる。

このことは関東地震のときの震度の分布の図（83頁）でも見て取れる。この地域の多くは、関東大震災で震度6以上の激しい揺れに襲われたところだったのである。

ふだんはわからない。しかし地震が来て揺れてみると、はっきりとこの差が明らかになってしまうのである。この二〇〇五年夏の地震でも、後背湿地の地盤は、地震の揺れをとくに大きく増幅してしまう地盤だったことがはっきり分かったのである。

では、なぜこのような地理的な拡がりになっているのだろう。それは、現在は千葉県銚子市付近で太平洋へ注いでいる利根川が、江戸時代の初期まで、現在の草加市など埼玉県東部から東京湾へ注いでいたからだ。それを後年、人為的に川を切り替えた。

しかし、それ以前に利根川が運んできて堆積した柔らかい地層が、川の切り替え後でも、地震の揺れを増幅してしまうのである。この柔らかい地層は、過去繰り返してきた洪水のときに、自然堤防を越えて浸水した場所に堆積したものなのである。

図 17：関東地震、東京での震度

もう少しくわしく東京の中心部を見てみよう。関東地震で当時の東京中心部がどのくらい揺れたかという図がある。それによると、一般的には新宿や渋谷や巣鴨など山の手の高台が揺れず、それに対して、隅田川よりも東の海抜が低い下町では揺れが大きい。

しかし、その一般的傾向だけではなく、とくに目立つところもある。そのひとつが、いまの総武線水道橋駅から千代田区神保町にかけてだ。ここでは、すぐまわりが震度5だったのに二段階（いまの震度階では四段階）も高い震度7だったことが、震災後の建物調査などで分かっている。

ここも、じつは昔の川のあとだった。江戸時代初期には、ここは水道橋から神田橋にかけて「日本橋川」が流れていた。江戸時代にその川を、いまは水道橋からお茶の水までのお堀に切り替えた土木工事が行われたのであった。

地表を見てもいまはまったく分からないが、地下には河川が運んできた柔らかい堆積物がある。つまり、地下はちゃんと昔のことを憶えているのである。

10　膨大な帰宅困難者

大都市圏の地震災害として近年クローズアップされてきたものに、帰宅困難者（帰宅難民）の問題がある。電車などを使った通勤時間が一時間ならば近いほう、三時間、ときにはそれ以上もかかって毎日通勤・通学している人が決して珍しくない大都市圏では、地震でいったん公共交通機関が止まってしまったら、大きな混乱になる。ちなみに首都圏での鉄道を使った通勤・通学者の平均通勤・通学時間は七〇分ほどである。

内閣府が二〇一一年一一月に発表した推計では、東北地方太平洋沖地震が起きた日、東京で約三五二万人、神奈川で約六七万人、千葉で約五二万人、埼玉で約三三万人、茨城で南部を中心に約一〇万人、首都圏合計で五一五万人もが地震当日に自宅に帰れない帰宅困難者となった。

地震は三月一一日金曜日の午後二時四六分に起きて、電車や地下鉄など首都圏の公共交通機関は全面的に止まった。地震の発生後、東北から首都圏にかけて広い範囲でJR線は終日不通となってしまい、「JR東日本史上最大の運休」という空前の交通マヒになった。

一方、首都圏の私鉄や地下鉄では、東京駅から三〇キロ圏内の首都圏の私鉄のうち、地震翌日午前〇時までに約四割が運転を再開した。

対応はJRと私鉄の間で分かれただけではなく、私鉄の間でも違った。東京メトロや都営地下鉄は線路や架線の点検を行ったあと午後九時ごろから一部の運転を再開した。西武鉄道や京王電鉄、小田急電鉄などは午後一〇時すぎにはほぼ全線で運転を再開した。これに対し、JR東日本や東武鉄道、京成電鉄などの再開は翌日午前にずれ込んだ。首都圏の鉄道の約九割が再開したのは、翌日正午ごろになった。

この地震当日の交通マヒのため、当日夕方には、都内の主要駅だけで二万五〇〇〇人が足止めを食った。そのうえJR東日本は新宿駅、渋谷駅、蒲田駅などの駅舎のシャッターを下ろし帰宅困難となった利用者を閉め出した。

新宿駅は、地上も地下も帰宅が困難になった人たちであふれ返った。改札前の通路や階段には疲れたサラリーマンや買い物帰りの人たちが座り込んでいた。しかし午後七時過ぎに新宿駅ではＪＲが終日の運行取りやめを決定、バスターミナルやタクシー乗り場は大行列になった。

この地震当日の交通マヒで、関東地方でふだん電車通勤をしている人たちが帰宅にかかった時間は平均八時間半で、平常時の七倍以上だったという調査があった。なかでもふだん一時間～一時間半かかっている人は一一時間、一時間半～二時間の人は一三時間半、二時間以上の人は一六時間半もかかって帰宅したという。なお、ふだん車で通勤している人たちも平均四時間あまりで、五倍以上かかった。

また徒歩で家を目指した人も多い。明治通り、青梅街道、目白通り、川越街道など周辺の幹線道路では徒歩で帰宅を目指す人の群れが続いた。鉄道やバスの復旧を待たず、徒歩で帰宅した人が全体の三四％いたことが調査で明らかになっている。

この地震の前に行った東京都の調査では、自宅までの距離が一〇キロを超えるときには、一キロ増すごとに家へ帰れる人が一〇％ずつ減ってしまう。つまり二〇キロを超える距離ではほとんどが帰り着けないとされている。

また道の渋滞もひどかった。鉄道や地下鉄などの公共交通機関が止まったため、地震当日だけではなく翌日も、東京二三区内をはじめ首都圏各地でたいへんな交通渋滞になった。この渋滞で救急車やパトカーなどの緊急車両の通行が妨げられる例も多発した。

東北地方太平洋沖地震のとき、東京では最大のところで震度5強で、建物の損壊はほとんどなかった。交通機関もその日の深夜や翌日には復旧した。それでも、これだけの騒ぎになったのである。

もし、直下型地震が首都圏を襲ったとしたら、さらに大きな混乱になるのは間違いがない。家やビルの損壊で道路は通れないところが多く出るだろうし、電気や水も止まる可能性があるからだ。

もちろんこれは首都圏にはかぎらない。たとえば、東海地震の想定震源域が以前の想定よりも西側に拡大されて、二〇〇二年に新たに地震防災対策強化地域に加えられた愛知県名古屋市でも、もし警戒宣言が発令されると、交通機関が止められて大量の帰宅困難者が出ることが問題になっている。名古屋では市外からの通勤・通学者が数十万人もいる。ある試算によると、警戒宣言で交通機関が止まったら、そのうち三八万人が帰宅困難者になってしまうという。

そして地震予知が出来ないで不意打ちになったら、混乱はさらに大きくなる。直下型地震でも同じであろう。

首都圏のような大都市圏では、帰宅困難者になるのを避ける方法はない。

しかし、個人で備えておくことは出来る。たとえば職場から家までどこをどう通ったら歩いて帰れるのか、それを考えておくだけでもずいぶん違うものだ。会社や学校に歩きやすい靴を置いておくこともいいだろう。出来れば、実際に一度家まで歩いて帰ってみることも大事なことだ。そのときに、ビルが林立する谷間のような道は、落ちてきたガラスなどの瓦礫が散乱している可能性が高いから避けるべきだろう。

職場や学校から家まで歩くための「自分だけの」地図を用意して、それにあと何キロで何時間という家までの距離や時間や途中の目印になる建物などを記入しておくこともいいことだ。景色や状況が違うので、できれば昼と夜、それぞれの時間帯に実際に歩いてみれば、それに越したことはない。

無理をして家に帰らない、というのも考えるべきである。地震のあと、もし自宅への連絡が取れて家族の安否の確認がとれたなら、とりあえず最寄りの避難所で一夜を過ごして様子を見ることを考えてもいいだろう。帰宅難民も避難者と同じように、行政に保護される権利はあるからである。

各市町村の防災サイトには避難場所の情報が載っている。自分の帰宅経路の市区町村の避難所の設置場所をあらかじめ調べておいて「自分だけの帰宅用の地図」に書き込んでおくのもいいことだ。

11　首都圏の地震の今後

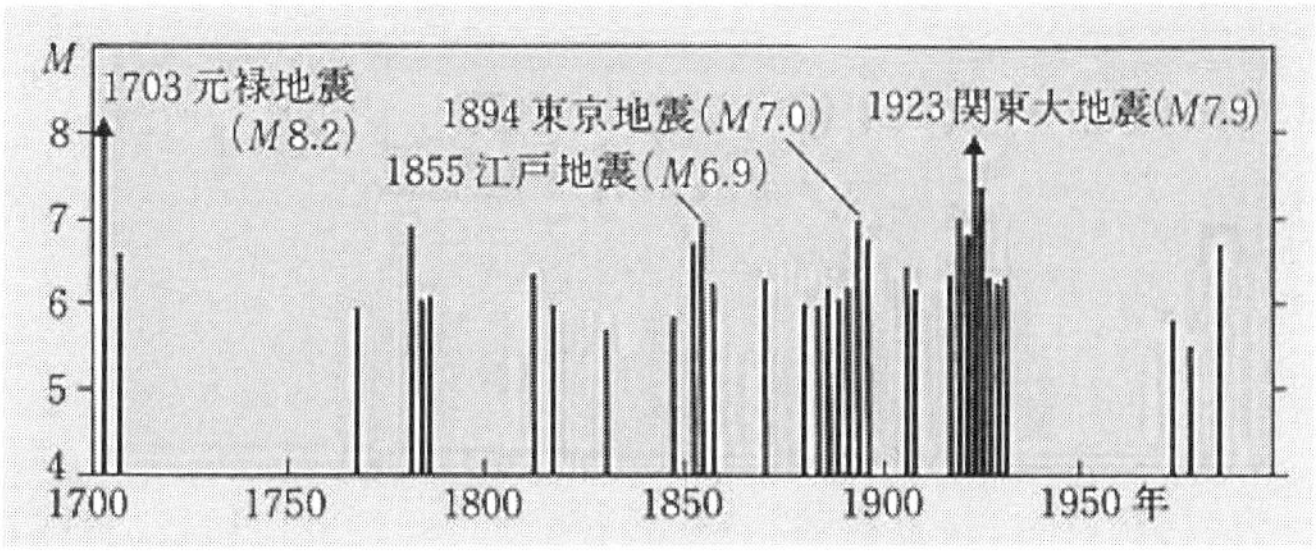

図 18：1700 年から現在までの江戸と東京の大地震

図には、一八世紀以後に江戸や東京を襲った大地震と、それぞれの推定マグニチュードが書かれている。江戸時代は一六〇三年、徳川家康が征夷大将軍に任命されて江戸に幕府を樹立してから始まった。そして一八六八年に江戸城が明治政府軍に明け渡されて、二六五年にわたる江戸時代は終わった。江戸時代中期には江戸の人口は一〇〇万人を超え、当時としては世界最大の都市になっていた。

ところで、この図を見るといくつか不思議なことがあるのに気づく。ひとつは一八世紀では中間の三分の二くらいは地震が少なかったということだ。一七〇三年に元禄関東地震という大地震が起き、一七〇七年に宝永地震という東海地方から四国沖までを震源とする大地震が起きてからの半世紀あまりである。

この間に本当に地震が少なかったのかどうかはよくわからない。あまりに大きくて被害も甚大だったふたつの地震のあとで、やや小さめだった大地震があったとしても、ちゃんと記録に残されていなかった可能性もあるからだ。

一般には、古い地震の記録は時代を遡るほどあてにならず、また記録に残っている地震の数も減ってしまう。一八世紀に記録された地震が少なかったのは、そのせいである可能性がある。

一八世紀の終わりごろからは、多くの大地震が記録に残っている。そして、この地震が頻発した時代は、一九二三年の関東地震まで続いている。この間の大地震の頻発は、ほぼ間違いがない。つまりこの頻発がいわば当たり前の地震活動というべきで、地下で四つのプレートがせめぎ合っているだけに、いくつもの地震が起きても不思議ではないからなのである。

関東地震直後の数年は、関東地震の余震が多く、また一部は関東地震に誘発された近隣の地震もある。

しかし、地震計も動き出して「取りこぼし」がなくなった関東地震以後で、不思議なことが起きた。東京を襲う大地震が激減してしまったことだ。そして、ようやく二〇世紀の後半になって、ぽつぽつと起きただけなのである。

つまり私たちが知っている首都圏の大地震は、歴史的に見ると、異常に静かな時代なのである。たとえば東京で震度5を記録した地震は、第二次大戦が終わった一九四五年以来の七〇年間には、二〇一一年の東北地方太平洋沖地震を入れても三回（伊豆七島を除く）しか起きていない。

だが、地震学者である私から見ると、この静けさがいつまでも続くことはあり得ない。いずれ、あるいは近々、また大地震の頻発が「再開」される、つまり「当たり前」の地震活動に戻る可能性のほうが高いのである。

日本の太平洋岸をはじめ環太平洋地域では、同じような海溝型地震が起きる場所が帯状に続いている。チリ地震（一九六〇年）やアラスカ地震（一九六四年）など、マグニチュード9を超える超巨大地震も環太平洋の帯状の地震地域で起きた。

しかし、この環太平洋地域、つまり巨大な地震がプレートの衝突で起きている最前線のなかで、日本の首都圏ほど人口が集まっているところはない。いまや東京都は近隣の千葉、埼玉、神奈川と合わせると人口は三五〇〇万人にも達している。

人口の集中だけではない。東京は関東地震以来の約一世紀のあいだに、また一段と変貌を遂げた。昔は東京湾の海底だったところに、ゴミ捨て場ならともかく、次々に埋め立て地を作っていき、副都心をはじめ高層ビルや集合住宅が林立する都会がどんどん進出している。

近代的な大都市東京は、いまや世界のトウキョウである。経済、政治、会社の本社、通信、交通、重要なコンピュータデータ、そういった多くの都市機能が過度に集中しているのがいまの東京なのだ。

もし東京が再び大きな地震に襲われたら、いわゆる地震被害だけではなくて、これらの都市機能に被害が出る可能性が高い。そしてその影響は日本中、あるいは世界にまで及ぶ可能性が大きい。

197頁に書いたように、あいにくと地震の歴史は、地震に対する備えがいつも地震より遅れて地震を追いかけてきた歴史でもあった。次に東京を襲う大地震のときには、地震への備えが地震に追いついていたのかどうか、日本人の知恵が試されることになる。

第4章 日本で起きた内陸直下型地震

1 福井地震の大被害で震度7が増やされた

直下型地震は首都圏だけに被害をもたらしてきたのではない。いままで述べてきたように、日本のどこを襲っても不思議ではないのが直下型地震なのである。

一九九五年に起きた阪神・淡路大震災は、日本にとって約四〇年ぶりの大震災だった。それまでの四〇年間は、死者・行方不明者約一八〇〇人を生んだ洞爺丸《とうやまる》台風（一九五四年）や、死者・行方不明者五〇〇〇人以上を生んだ伊勢湾台風（一九五九年）のように一〇〇〇人以上の犠牲者を生む自然災害もなく、日本人はいわば、巨大な自然災害の怖さを忘れていたのであった。

しかし、台風は事前の備えがあれば犠牲者は減らせる。河川改修や堤防などの土木工事や進

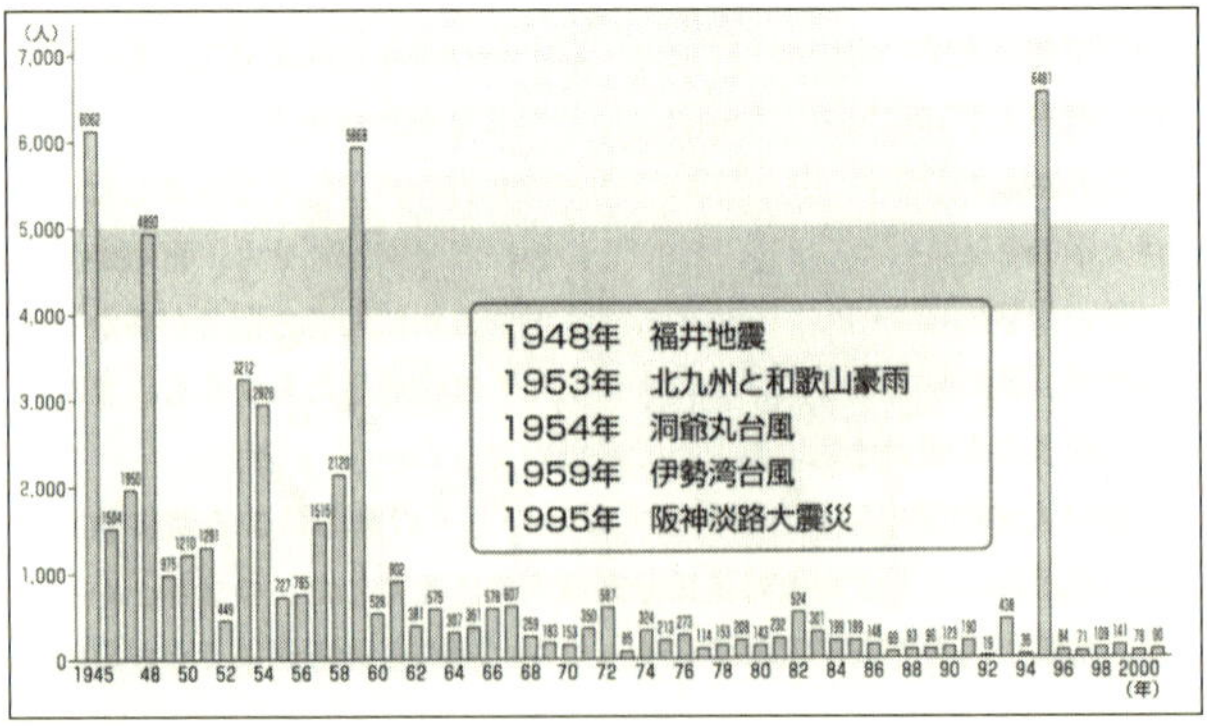

図 19：戦後 2001 年までの自然災害による犠牲者数。2011 年防災白書による

路など台風の情報が進歩したこともあって、台風による犠牲者は劇的に減った。

だが、地震はそうではなかった。地震の怖さを改めて知ることになったのが阪神・淡路大震災、そして東日本大震災であった。四〇年間は台風による被害の激減と、大地震がたまたま起きなかったという、束の間の静けさにすぎなかったのである。

阪神・淡路大震災のひとつ前の大震災は、約半世紀前の福井地震だった。一九四八年六月二八日の一六時すぎに発生し、市内で三八〇〇人余の死者を生んだ。これは当時としては、戦後最多となる死者数になってしまった。

また、市内にあった七階建ての大和百貨店の一階部分がつぶれて崩壊した。このビルは地震の八年前に建てられたものだったが、一九四五年の米軍機による空襲でビル内部が丸焼けになってしまった。その後修復工事が行われて業務を再開していた。じつは隣のビルは無傷であったため、この修復工事が不十分であったことが崩壊の原因だともいわれている。大和百貨店は戦前には北陸全県で展開していたデパートだったが、福井地震で被災したあと福井県から撤退した。

この地震の特徴は典型的な内陸直下型地震だったことだ。被害が出た範囲は海溝型地震とくらべてずっと狭かったが、限られた範囲では甚大な被害を生んでしまった。死者のほとんどは福井市と坂井郡（現坂井市）に集中していた。この二つの区域を合わせての人口は二〇万余しかなかったから、死者数は人口の二％近くにもなった。

悲惨なのは住宅の倒壊率が高かったことだった。福井平野の北部では九八％とか一〇〇％もの家が倒れてしまった町や村があった。つまり、局地的にきわめて大きな震度で揺れたことになる。これは福井市とその周辺の市町村が載っている堆積盆地が地震の揺れを増幅したものだと考えられている。

福井市は一九四五年、日本敗戦の一月前に、米軍機による大規模な空襲（空爆）を受けていた。地方都市への爆撃としては富山市、沼津市に次いで全国でも有数の大規模なものだった。このため二万戸以上が焼失、九万人以上が罹災し、死者数も一五〇〇人を超える被害を出していた。このため、その後に建てられた住宅がバラックなどの弱い住宅であったことも、倒壊率が高かった一つの原因であった。

福井地震の震度はいまならば十分に震度7にあたるが、当時はまだ震度は6までしかなかったので、公式記録には震度6としてしか記録されていない。

もうひとつの不幸があった。当時は第二次世界大戦が終わって三年しかたっておらず、福井

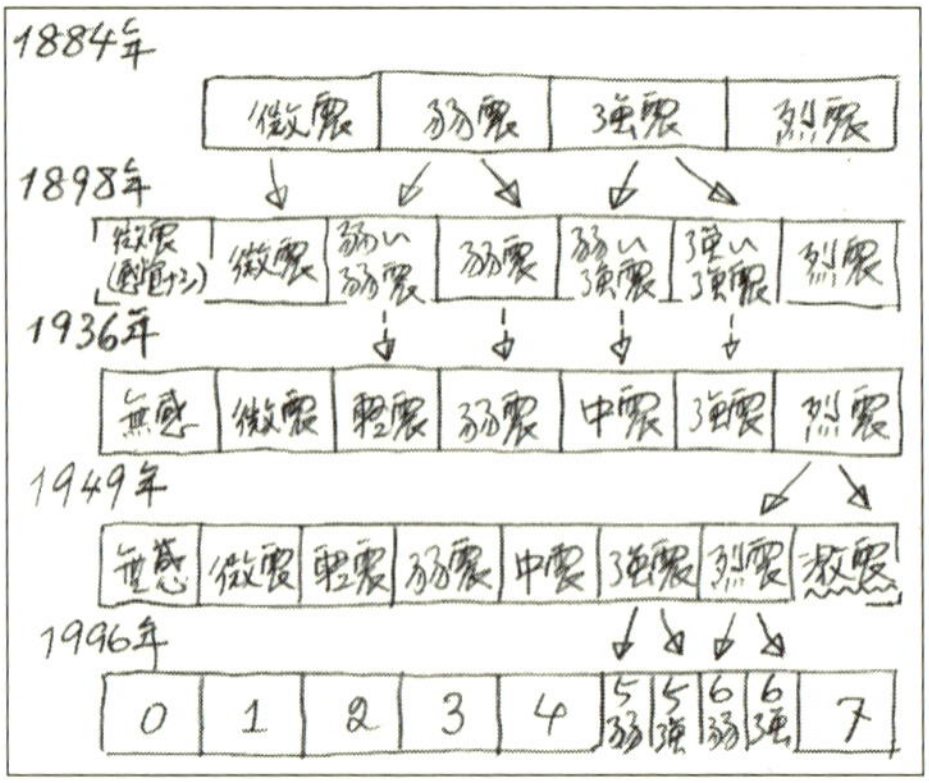

図 20：震度階の変遷

地方気象台も空襲で全焼して、木造のバラックのような仮庁舎にいた。東京の中央気象台（いまの気象庁）には福井気象台から電報で震度を送ることになっていたが、建物が地震で全壊したために送れず、職員が電話局に走って、当時の最高震度だった「震度６」を知らせる電報を中央気象台に送ろうとした。

しかし、電話局でも電信の機械などがひっくり返っていて電報が打てる状態ではなかった。このため、近隣県から最大震度４までしか入電していなかった中央気象台では、福井で大地震が起きたことを翌日まで把握できなかったのである。

この福井地震の惨状を見て、地震の翌年の一九四九年、気象庁は震度階に、もっとも強い揺れの震度７を追加した。震度７は「激震」と名づけられた。それまでは「烈震」がいちばん高い震度であった。

ところで、日本で震度を初めて決めたのは明治時代の一八八四年だったが、そのときには、微震、弱震、強震、烈震の四段階しかなかった。

その後、濃尾《のうび》地震（一八九一年）や大津波による甚大な被害を生んだ明治三陸地震津波（一八九六年）などの大地震のあと、もっときめ細かいほうがいいということになって、一八九八年には七段階になった。これは弱震を「弱い弱震」と「弱震」に、強震を「弱い強震」と「強震」に分けて六段階とし、さらに人体には感じない「微震（感覚ナシ）」をつけ足して合計七段階としたものだった。

「弱い弱震」とか「弱い強震」は、お役人が作った言葉とはいえ、なんともへんな名前だった。さすがに評判が悪かったのか、これも津波で大きな被害が出た昭和三陸地震（一九三三年）のあとの一九三六年には、七段階のまま「弱い弱震」を軽震、「弱い強震」を中震と名前を変えた。

こうして福井地震翌年の一九四九年には、さらに烈震を「烈震」と「激震」に分けて八段階のものとしたのであった。いまでもスポーツ紙や週刊誌を賑わせている「激震！」は、じつは、福井地震後に気象庁のお役人コピーライターが作った新語なのだ。これだけ一般に使われれば、コピーライトとしては大変な成功に違いない。

なお、八段階のいちばん弱い揺れは、身体には感じないで地震計だけに感じる震度で「無感」という。これが震度0である。

さらに一九九五年の阪神・淡路大震災以後、気象庁は震度階の震度6と5をそれぞれ強弱の二つに分け、全体で一〇段階にした。また、それまでは震度7は特別なものという扱いで、震

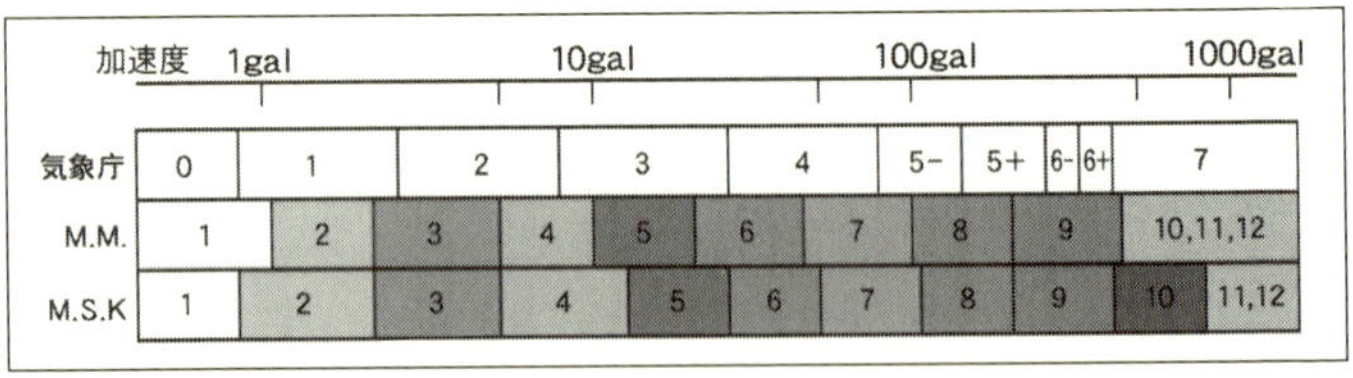

図 21：日本と世界の震度階の比較。MM は地震学者の名を取った「改正メルカリ震度階級」で、アメリカ、韓国などで使用、MSK はメドヴェーデフ・シュポンホイアー・カルニクという３人の地震学者の名を取った震度階級で CIS 諸国、東欧諸国、イスラエル、インドなどで使用している。このほか、中国は独自の 12 段階の「地震烈度」を使い、欧州諸国は近年、やはり 12 段階の「ヨーロッパ震度階級 (EMS)」を使いはじめている。

度計で計測しただけではなくて、気象庁の職員が実際に被害などを見てから決めていたのを、阪神・淡路大震災以後は自動的に機械で決めて速報できるようにした。

なお、世界でこの震度階を使っているのは日本だけである。世界のほとんどの国は一二段階の国際的な震度階を使っている。なお、日本に震度階を「押しつけられていた」かつての植民地の韓国では二〇〇一年に日本式の震度階をやめ、国際的な一二段階のものに変更した。

だが、変更はそれだけではなかった。お役人が作った言葉としては異例に評判がよくてあちこちで使われてきた、激震、強震、軽震、微震といった言い方をすべてやめてしまって、たんに震度Xという言い方にしてしまったのである。

雑誌や新聞に踊っている「激震」は、気象庁が発表しなくなり、子供たちも学校で教わらなくなるわけだから、やがて死語になる運命にある。

しかし気象庁のお役人たちは、自分たちが作った言葉だから、自分たちが勝手に替えても廃止してもいいと思っているのではないのだろうか。

言葉は文化である。四季の変化があり、雪国から珊瑚礁の海まである日本では、昔から、気象用語は人々の生活に深く入り込んでいた言葉、つまり文化だった。

これは文化としての言葉を、自分たちの専有物だと思っている思い上がりなのではないだろうか。

2 終戦直前に大被害を生んだが報道されなかった大地震——東南海地震と三河地震

終戦後三年目に起きた福井地震の前、一九四五年の日本の敗戦をはさんで、大きな地震がいくつも日本を襲った。時間を遡って列挙すると、一九四六年の南海地震（マグニチュード８・０）、一九四五年の三河地震（マグニチュード６・８）、一九四四年の東南海地震（マグニチュード７・９）、一九四三年の鳥取地震（マグニチュード７・２）などがある。

この四つの地震は、一九四三年から一九四六年まで敗戦前後にかけての四年連続で一〇〇〇人を超える死者を出した四大地震ともいわれている。このうち南海地震と東南海地震は海溝型地震、あとの地震は直下型地震であった。

その東南海地震は敗戦の九ヶ月前の一九四四年一二月七日、三河地震は敗戦の七ヶ月前の一九四五年一月一三日に起きた。この東南海地震と三河地震は新聞やラジオではほとんど報道されなかった（当時テレビはなかった）。戦争中だったために、厳重な報道管制が敷かれていたからだ。軍需工場の被害を伏せるためと国民の戦意を低下させたくないという軍部や日本政府の思惑があったのである。なお、このころ太平洋やアジア各地で日本軍の撤退や玉砕が続いており、これらの情報も同じ理由から報道されていなかった。

両方の地震とも被害は甚大であった。とくに名古屋市を中心とした中京地域は、三菱重工業や中島飛行機などの航空機産業の中心地だったため、軍用機を生産する工場が壊滅的な被害を受けて「逆神風」と言われたほどであった。

このうち東南海地震では死者・行方不明者数は一二〇〇名余、住宅の全半壊は五万四〇〇〇軒とされている。しかし軍需工場が大被害を受けたうえ、地震が起きた翌日の一二月七日は日本が対米開戦した真珠湾攻撃の三周年の記念日だったこともあり、被害の詳細は報道されなかった。それゆえ地震翌日の新聞各紙の一面はいずれも、昭和天皇の大きな肖像写真や戦意高揚の記事で占められて、この地震についての記事は二面以下、それも紙面の最下部のほうにわずか数行程度載せられただけだった。

また、被害を受けた各地の住民は、被害について話さないように、話すことはスパイ行為に等しいなどとされた。

一方、直下型地震である三河地震の震源は三河湾で、東南海地震が沖合の海溝（南海トラフ）付近で起きたよりもずっと陸地に近い震源だった。

震源の深さは一一キロとされているが、深さについての精度はよくない。三河地震では東南海地震よりも多くの死者が出た。戦時中だったので正確な数は諸説があるが、死者・行方不明者は二三〇〇人、家屋の全半壊は二万三〇〇〇棟以上だとされている。なおこのほか、さらに死者が二五〇〇人以上いたという報告もある。

この地震は震源が浅く、マグニチュード6・8と直下型地震としては規模が比較的大きかった。しかし被害報告は報道管制や地震後の被害調査が十分に行われなかったために、ごくわずかしか残されていないので、この地震についてくわしいことは解明されないままになっている。

じつは北海道有珠郡壮瞥《そうべつ》町にある昭和新山（いまは支笏洞爺《しこつとうや》国立公園内）が、一九四三年末から畑がいきなり盛り上がって四〇〇メートルあまりの高さに隆起したのもこのころだった。火山の誕生のこんなニュースでさえ、軍部と政府によって伏せられてしまったのである。日本人は大きな震災二つや火山の誕生について、目も耳も塞がれていたのである。

3　山陰で頻発した直下型地震——鳥取地震、北丹後地震など

一九四三年、東南海地震の一年前には鳥取地震が起きた。震源は野坂川中流域、現在は鳥取市内である。マグニチュードは7・2で、震源が極めて浅い典型的な直下型地震だった。直下型特有の激しい揺れのために鳥取市の中心部は壊滅し、古い町並みはすべて失われたといわれている。

木造家屋はほぼ全てが倒壊した一方で、鉄筋コンクリートの建物は倒壊しなかったのがこの地震の特徴だった。地震波のスペクトルが、木造住宅を倒壊しやすい周波数が卓越していたためと、当時の木造住宅は地震に弱い造りだったためであろう。市内の住宅の全壊率は八〇％を超え、一一〇〇人の死者を生んでしまった。

地震が起きたのは九月一〇日の一七時すぎ。夕食の準備中の家が多かったので市内一六ヶ所から出火したが、地震で水道管が破壊されたために水が出なかった。しかし戦時中だったため、米軍の空襲に備えて住民の防災訓練が徹底されていたこともあり、約二五〇棟は焼失したものの、市民のバケツリレーで大火になるのはくい止めた。

おなじ山陰地方で、一九二七年には北丹後地震が起きた。これも直下型地震で震源は京都府の丹後半島北部。震源は浅く、マグニチュードは7・3と兵庫県南部地震なみの大きさの地震だった。

被害は、死者二九〇〇人余、揺れによる全半壊二万二〇〇〇棟を出した。このほか三月七日の一八時すぎという暖房を使っていた夕食時に起きた地震だったために大火が起き、八〇〇〇棟以上が焼失した。

この地震で被害が集中したのは丹後半島のつけ根にあたる約一五キロの範囲で、家屋倒壊率が七〇〜九〇％に達した集落もあった。丹後縮緬で知られる峰山町では住宅や織物工場など家屋の九七％が焼失し、人口に対する死亡率は二二％にも達した。

地元だけではなく、この地震の被害は北近畿を中心に中国・四国地方まで拡がった。震源から一五〇キロ以上も離れた鳥取県米子でも二戸が倒壊した。大阪市内でも大きな揺れがあって人々に恐怖を感じさせただけでなく、家屋が浸水するなど液状化現象も発生した。

大阪梅田の駅前にある阪急百貨店では、この地震が起きたときに客の食い逃げが莫大な額に達したと言われている。このため、地震後の一九三〇年から後払いをやめ、日本では初めての前金制の「食券」を取り入れた。これなら取りはぐれはない。さすが大阪である。

しかし、後払いだったために食堂では客が逃げ遅れることがなかったともいえる。逆の事情の被害があったことがある。一九九四年末、青森県八戸の沖で「三陸はるか沖地震」（マグニチュード7・6）が起きたとき、この地震で出た死者三人はすべてパチンコ屋の客だった。店を出るときでないと客に有利な精算が出来ないパチンコ屋の客は、もっとも逃げ遅れる可能性が高い客なのであろう。

じつは、この北丹後地震の二年前の一九二五年に、すぐ近くの兵庫県但馬地方北部でマグニチュード6・8という北但馬地震が起きていた。これも直下型地震である。震源は現在の豊岡市、震源の深さは浅かった。

この地震での死者は四三〇名、家屋の全半壊は四〇〇〇棟だった。震源地付近と考えられる港村田結（現在の豊岡市田結）では、八三戸の住宅のうち八二戸が倒壊した。

地震が起きたのは五月二三日午前一一時すぎという昼食の準備の時間だったために大火が起

き、豊岡では町の半分が焼失し、焼失家屋は二三〇〇棟を超えた。城崎では人口の八%、二七二名という多数の死者を生んでしまった。犠牲者の大半は、食事準備中に倒壊した建物にはさまれたまま火災によって焼死した女性たちだった。

なお、この北但馬地震で大打撃を受けた豊岡市城崎町では、その後の北丹後地震でも、火災によって二三〇〇棟以上が焼失した。

じつはこの北但馬地震のまえには、一九二三年の関東大震災やその後に関東地方で地震が頻発したことで「地震は関東で起きるもの」という先入観が関西にあった。

その先入観を打ち砕いた地震がこの北但馬地震だった。このため地震後に、豊岡や城崎では道路の幅を拡大したり、耐火建築が増えた。また、地震やその後の火災に強い町づくりなど、震災復興再開発事業が行われた。

しかし、歴史は繰り返す。阪神・淡路大震災の前には、政府が東海地震とその地震予知ばかりを広報したためもあって、再び関西には地震が来ないという安心感が広まってしまっていた。

東日本大震災、そして引き続いた福島の原子力発電所の事故について、西日本での関心が低いともいう。三度目の繰り返しがなければいいのだが。

4 陸地の下に潜り込んだプレートが起こす直下型地震——芸予地震

西南日本はユーラシアプレートに載っているが、その地下に潜り込んでいっているのはフィリピン海プレートである。このふたつのプレートが押し合っているのは、沖縄の沖から駿河湾まで続いている海溝である。なお、前に述べたようにここの海溝の東の一部には南海トラフ、駿河トラフという名前がついている。

このフィリピン海プレートは、その先がだんだん深くなっていって、潜り込んだプレートの先端は瀬戸内海から中国地方にかかるくらいの地下まで行っている。先端部の深さは地下一〇〇キロほどだ。

この、プレートが瀬戸内海西部まで潜り込んだところで繰り返し起きている特異な直下型地震がある。それが芸予《げいよ》地震である。

潜り込んだプレートが起こす直下型地震というのは、ときどき日本の特定の場所の地下で起きる。日本列島を載せているプレートが歪んだりねじれたりして、どこで起きても不思議ではない普通の直下型地震とは違って、起きる場所は潜り込んだプレートの内部とか近傍などで、それ以外では起きない。また、普通の直下型地震とちがって、繰り返すことが多い。

最近の芸予地震は二〇〇一年に起きた。マグニチュードは6・7で、震源の深さは約五〇キロと、直下型地震としては深い地震だった。震源が深かったために震源直上の被害は比較的少なく、他方、地震被害は広く八県に及んで死者二名、家屋の全半壊は六〇〇棟を超えた。

この地震は、フィリピン海プレートの内部でひび割れが起きた地震だった。じつは過去に同じような地震が繰り返して起きている。一九〇五年にも明治芸予地震（マグニチュード7・2）が起き死者一一名を出した。その前には一六四九年、一六八六年、一八五七年にもそれぞれマグニチュード7クラスだったと推定される地震が発生した。

地震の間隔は一定ではなく、かなり違う。だが、潜り込んでいったプレートが繰り返し地震を起こすメカニズムがあるのであろう。

この地震の震源の近くで、潜り込んでいるフィリピン海プレートがやや不自然な曲がり方をしている。このことが地震の発生に関係しているらしいが、残念ながら地震学ではくり返すメカニズムはまだわかっていない。しかしこの芸予地震は、これからも繰り返されるに違いない。

二〇〇一年の芸予地震では、地面の上と地下の基盤岩の両方で地震計の記録が取れて、地盤による地震波の増幅が明らかになった。これについては154頁に述べる。

5　日本の内陸での最大の地震——濃尾地震

一八九一年には、日本の内陸で起きた地震としては史上最大の濃尾地震が起きた。震源は岐阜県本巣郡根尾《ねお》村（現本巣市）で、マグニチュード8・0（あるいは学説によっては7・9）であった。

岐阜と愛知の二県だけではなく、近隣の滋賀県や福井県にも被害は及んだ。死者は七三〇〇

写真22：濃尾地震で出現した高さ6メートルもの根尾谷断層

名、全半壊家屋は二二万を超えた。一万ヶ所以上で山崩れがあった。

震源地の根尾谷のほか、岐阜県西部から愛知県にかけて家屋の倒壊率が九〇％を超える場所があった。名古屋城の城壁や、宿場町にあった江戸時代からの建物の被害も甚大だった。

そのほか、欧米の技術で作られた文明開化の象徴であった洋式の煉瓦建造物が名古屋などの都市部で増えてきていたが、それらの被害が目立った。三年後に起きた明治東京地震のときと同じである（73頁）。また長良川鉄橋は落下し、耐震構造になっていなかった橋梁や煉瓦の建築物も倒壊した。

この地震と明治東京地震によって耐震構造への関心が強まって、いろいろな対策がとられるようになった。他方、濃尾地震では伝統的な土蔵の被害は比較的軽かったが、これは震源から出た地震波のスペクトルがたまたま土蔵などに有利な周波数だったためで、直下型地震ならいつも有利というわけではない。

兵庫県南部地震では神戸市という大都市を中心に、濃尾地震による死者の数に近い六四〇〇名余という犠牲者が出た。しかし濃尾地震当時の各地の人口密度や、名古屋や岐阜などの当時の都市の規模などを考えると、もし濃尾地震が再来したら、兵庫県南部地震とはくらべものにならないほど甚大な被害をもたらすことが考えられる。

この濃尾地震も直下型地震で、福井県境付近から岐阜県を経て愛知県境にまで達する北北西―南南東方向に伸びる八五キロもの長さの地震断層が動いたと考えられている。

この断層のうち、根尾村水鳥《みどり》地区にある根尾谷では、なにもなかった平地にいきなり根尾谷断層が出現した。その崖は、上下の食い違いが六メートル、横ずれは二メートルにも及んだ。この断層はいまでも残っている。

なお、この断層崖は一九二八年に国の特別天然記念物に指定されており、一九九二年に断層を見られる資料館や地下観察館が現地に作られた。

6　東北地方内陸での最大級の直下型地震――庄内地震と陸羽地震

山形県で明治以降に陸域で発生した最大の直下型地震は、一八九四年に山形県北部の庄内平《しょうない》野を震源として起きた庄内地震である。当時は地震計がまだ配備されておらず、地震のマグニチュードは7・0と推定されているが、7・3という説もあり、確かではない。

この地震では山形県内で死者七二六名、家屋の全半壊は六〇〇〇棟に達した。家屋の損壊は秋田県本荘市や県中部の山形市まで及んでいたほか、酒田では火災が発生して戸数の八割である二〇〇〇棟以上が焼失する大火になってしまった。庄内平野にある酒田が震源だったこともあり、この地震のことを酒田地震とか酒田地震大火ということもある。

またこの地震では、庄内平野の各地で地盤の亀裂や陥没があったほか、液状化と思われる噴水や噴砂が多く発生した。

山形県では、この庄内地震の前にも、何度か大地震に襲われた記録が残っている。たとえば、象潟地震（一八〇四年）では死者三三三名と記録されているし、出羽地震（八五〇年）では国府の城柵が壊れるなどで圧死者が多数出たほか、最上川の岸が崩壊した。これらはいずれも直下型地震だと思われている。

隣の秋田県では陸羽《りくう》地震が二年後の一八九六年に発生している。これも直下型地震である。

この陸羽地震は秋田県と岩手県の県境で起きたマグニチュード7・2の直下型地震で、震源はごく浅く、死者二〇九人（秋田県で二〇五人、岩手県で四人）を出すなどの被害を生んだ。マグニチュードからいえば、東北地方で起きた直下型地震としては岩手・宮城内陸地震（二〇〇八年）に匹敵する最大級のものだった。

震源地付近での震度は、いまの震度階では震度7から6だったと推定されている。被害は横手盆地の内部と東側の山地に集中していた。秋田県仙北郡の千屋《せんや》などいくつかの集落では、全戸数の七割以上が全半壊するほどだった。家屋の全半壊は八八〇〇棟にも達したほか、山崩れは一万ヶ所近くで起きた。

じつはこの陸羽地震は、二ヶ月半前に三陸沖で起きた海溝型地震、明治三陸地震（一八九六年）の影響を受けて起きた地震ではないかという学説がある。巨大な地震が起きると、その震源域から離れた場所で別の地震の引き金を引いてしまうことがある。そのひとつではないかというのである。

東北地方太平洋沖地震のあとでも、この地震によって引き金が引かれたと思われる、長野・新潟県境の地震（気象庁による正式の名前はついていない。「栄村《さかえむら》地震」や「長野県北部地震」ともいう。マグニチュード6・7）が翌日に起きて、長野県栄村で震度6強を記録した。この地震では栄村で死者三人を出したほか、住宅の全半壊は約四〇〇棟に達した。

また、静岡県富士宮《ふじのみや》でも、東北地方太平洋沖地震の四日後にマグニチュード6・4の地震が起きて富士宮でやはり震度6強を記録したが、これも同じような地震だと思われている。

そのほか三河地震（一九四五年、101頁）も、二ヶ月前に起きた海溝型の巨大地震である東南海地震（一九四四年）が引き金を引いたのではないかとも考えられている。しかし前に述べたように、この二つの地震は軍部や政府によって報道も、そして調査も抑えられてしまったために、くわしくはわからない。

7　史上最高の加速度を記録

二〇〇八年六月一四日の朝、陸羽地震や庄内地震と同じような直下型地震がまた、東北地方を襲った。岩手・宮城内陸地震である。震源は仙台の北約九〇キロの岩手県と宮城県の県境近くだった。

マグニチュードは7・2。震源が浅い直下型地震であった。死者・行方不明者は二三名（そのうち宮城県で一八名）、宮城県栗原市と岩手県奥州市で最大震度6強を記録した。

阪神・淡路大震災（一九九五年）以来、全国で増やされてきた強震計（強い地震でも振り切れない大振幅用の地震計）がこのときは全国で一〇〇〇地点ほど配備されていたために、この地震では、いままで世界的にも記録されたことがない大きな加速度が記録された。

最大の加速度は岩手県一関市厳美町《げんびちょう》祭畤《まつるべ》で四〇二二ガル（全方向合成）として記録された。それまでの記録では二〇〇四年の新潟県中越地震で観測された二五一六ガルが最大だったから、その一・五倍を超える史上最大の記録だった。

いまは違うが、一九九五年以前は気象庁の震度階で、それぞれの震度のところに参考値として「加速度」の大きさが書いてあった。建物や土木構造物を揺する力は、加速度にその構造物の重さをかけたものになるから、加速度の大きさはとても大事な指標なのだ。

これには、たとえば震度5の強震は八〇〜二五〇ガル、震度6の烈震は二五〇〜四〇〇ガル、そして震度7の激震は四〇〇ガル以上とあった。

そして当時は、気象庁に限らず地震学者のあいだでも、まさか地球の重力の加速度である九八〇ガルを超える地震の揺れなどあるはずはない、と思われていたのだった。重力の加速度を超えるということは、地面に転がっている岩が飛び上がることを意味する。

しかし、近年は情勢が違ってきていた。たとえば宮城県北部地震（二〇〇三年）では二〇三七ガル、新潟県中越地震（二〇〇四年）で震度7だった新潟県川口町で二五一六ガルを記録したほか、新潟県中越沖地震（二〇〇七年）でも震度6強を観測した新潟県柏崎市西山町で一〇一九ガルにも達していたのだ。また能登半島地震（二〇〇七年）でも、震度6強だった石川県輪島市で一三〇四ガルを記録した。いずれも九八〇ガルをあっさり超えてしまったのだった。

これらは、日本中で昔よりも地震計の数がずっと増えて、それまでは記録されたことがなかった、震源の近くや地盤がとくに弱いところでもデータが取れるようになったためだ。つまり、いままでは測っていなかったから知らなかっただけで、重力の加速度よりも強い揺れが来ることは常識になったのである。

地震のときに建物や建造物が壊れるかどうかを決めるのは、加速度の大きさだけではない。地震の揺れの周期とか、揺れている時間の長さとかのいろいろな要素もからんでいる。このため、それまでは想定していなかった大きな加速度で揺れたとしても、被害が「その分だけ」大きくなるというわけではない。

しかし、地震計の数が増えてきて、じつは直下型地震では大きな加速度が生じていることがわかってきたいま、大きな問題がある。

それは、もし壊れたら多大な影響を及ぼす原子力発電所が、じつはこの大きな加速度を想定しないで造られていることだ。

原子力発電所を造るときの設計の基準（耐震指針）では、「設計用最強地震動」として最大三〇〇～四五〇ガル、「設計用限界地震動」として最大四五〇～六〇〇ガルと決めていた。つまり、これ以上の揺れがあることは想定していなかったのである。

たとえば中部電力の一般向けのウェブサイトには、「設計用最強地震動」の説明として「将来起こりうる最強の地震」とあり、「設計用限界地震動」の説明として「およそ現実的ではないと考えられる限界的な地震」と書いてあった。

つまり、それまでに造っていまでも動いている原子力発電所は、これ以上の加速度を設計に折り込んでいなかったのだ。

しかし、「将来」ではなく「およそ現実的ではない地震」がすでに起きてしまっていて、それが日本のどこを襲うかわかっていないのが、最近わかってきた現実なのである。

原子力発電所を作るときの耐震基準として想定してあった加速度をはるかに超える地震が起きることがわかった、というのは怖ろしいことだ。

阪神・淡路大震災以後も見直しをしなかった政府が、ようやく重い腰を上げて指針の改訂の検討をはじめたのが二〇〇一年、新指針ができて施行されたのは二〇〇六年になってからだった。

だが、二〇一一年に東北地方太平洋沖地震による原発事故を起こした福島第一原子力発電所の場合は、事故前に新指針に基づく耐震性の検証が終わっていたのは三号機と五号機だけで、あとの原子炉はまだ終わっていなかった。日本にあるほかの原子炉でも全部検証が終わったわけではない。また耐震性の検証が行われたといっても原子力発電所全部の検証ではなく、「耐震上重要な機器」だけだった。つまり、いままでの基準で作った原子力発電所はまだ運転を続けているし、じつはこの新しい指針でも不十分だという意見は多い。

中部電力の「将来起こりうる最強の」とか「およそ現実的ではない」とか書いてあったページは、いまは削除されている

8　岩手・宮城内陸地震の直下型地震としての被害

話を岩手・宮城内陸地震に戻そう。この地震で住宅の被害が少なかった理由のひとつは、地震動の周期が短く、木造住宅を壊す周期一秒前後の周波数成分が少なかったためもあった。

この地震での住宅の被害は、加速度が大きかったわりには少なかった。全壊は三〇棟、半壊

が約一五〇棟だったのである。なお、火災は四棟にとどまった。地震が人口密集地ではなくて主として山間地を襲ったこともあり、屋根が瓦葺きではなくて軽いトタンで葺いている家が多いためもあった。その意味では阪神・淡路大震災を起こした兵庫県南部地震とは違った。瓦が多い地方や古い建物が多いところでは、ずっと建物の損傷が多い可能性がある。

前に述べたように、福井地震などでは集落の九〇%とか、それ以上の家が全壊してしまったことがある。しかし、近年の家は建築基準法の強化と耐震建築の普及で、かつてよりはずっと強くなっている。たとえば阪神・淡路大震災でも、あるプレハブメーカーの住宅は一軒も倒れなかったという。

かといって安心は出来ない。東北地方太平洋沖地震では山津波や液状化で地面が傾いたり沈んだりしたところでも、家はそのまま残ったという例が多かった。しかし多くのところで、修復は不可能であった。家を残したまま地盤を修復することは、きわめて難しいからである。

なお、二〇一一年の東北地方太平洋沖地震では、震源が太平洋沖だったために、この岩手・宮城内陸地震ほど大きな加速度は記録しなかった。いちばん大きかった記録は宮城県栗原郡築館町での二九三三ガルだった。それでも、一昔前よりはずっと大きな値である。

ところで、この岩手・宮城内陸地震では直下型地震の被害のひとつである地滑りが大規模に起きた。

岩手県南西部にある栗原市の荒砥沢《あらとざわ》ダム上流では、国内最大規模の広い範囲の巨大な地滑りが起きた。その範囲は幅八一〇メートル、長さ一四〇〇メートルにも及んだ。移動した土砂の量は四五〇〇万立米もあった。崩落地の最大落差は一四八メートルにも達した。また水平距離で三〇〇メートル以上も移動した場所があった。地形が大規模に変わってしまったのだ。

この地滑りによって荒砥沢ダムの湖水では津波が発生したが、幸い、津波がダムを越えることはなく、ダムの水による災害はなかった。これは湖水に流入した土砂の量がダムの貯水容量である一三五一万立米の一割程度だったことや、地震が起きたのが六月で、梅雨入りの前に計画的に貯水量を下げていたためであった。なお、このダムは高さ七四メートルのロックフィルダムである。

世界的には地震によるダムの溢水ではイタリアのバイオントダムがよく知られている。このダムはイタリア北東部にあり、一九六〇年に完成したが、その三年後の一九六三年に大規模な地滑りが起こり、ダムの湖水に流入した土砂のためにダムの水が溢れ、下流を襲って二〇〇〇名以上の死者を出す大災害を起こしてしまった。その後このダムは放棄されて、堰堤だけが残っている。

バイオントダムは高さ二六二メートルあり、完成時には世界一の高さだった。しかし貯水が始まってから地震が頻発するようになり、水深が一三〇メートルになったときに、最初の地滑りが発生した。

この地滑りによって貯水池が上流と下流に二分されてしまったために、両方を結ぶバイパス水路が作られて、翌一九六一年に本格的な貯水がはじまった、だがその直後からダムの周辺で地震と地滑りが頻発するようになっていた。

このバイオントダムで頻発した地滑りは、ダムに水をためたために起きる「ダム地震」によるものであろう。世界各地でこの種のダム地震が起きている。

たとえば、米国のネバダ州とアリゾナ州にまたがるフーバーダムは高さ二二一メートルもある大きなダムだが、一九三五年に貯水を始めた翌年から地震が増え、一九四〇年にはこのダムの周辺では過去最大のマグニチュード5の地震が起きた。地震の震源は地下八キロにあった。ダムの底よりはずっと深い深さだが、これらの地震はダムを作ったために起きたダム地震だと考えられている。

また、アフリカのローデシアとザンビア（ジンバブエ）の国境にダムを作って一九五八年からカリバ湖に貯水を始めた。高さが一二八メートルあるダムで、世界最大の人造湖が出来た。ダム建設前から近くで小さな地震が起きているところではあったが、貯水が始まってから満水になった一九六三年までに地震が急増し、二〇〇〇回以上の局地的な地震が起きた。満水になった年には、マグニチュード5・8の地震が起きて被害が出た。

このほかギリシャのクレマスタダムは一九六五年の貯水開始後に地震が起き始め、四ヶ月後には地震が急増、七ヶ月後にはマグニチュード6の地震が起きて、やはり被害が出た。

また、旧ソ連のタジキスタンに一九八〇年に造られた三一七メートルの高さがある巨大なヌレクダムでは、完成前に貯水を始めた直後から近くの地震が増え始め、その後も小さな地震が起き続けている。このダムは世界で最も高いアースフィルダムである。またダムが出来てからすぐには地震が起きず、二〇年近くもたってから比較的大きな地震が起きたエジプトのアスワンダムのような例もある。

そのほか、高さ一〇五メートルの中国広東省にある新豊江ダムでも一九五九年にダムの貯水が始まったあと地震が増え、一九六二年にマグニチュード六・一の地震が起きた。この地震では幸いダムは壊れなかったものの、ダムの補強が必要になったほどの被害があった。この地震後も小さな地震は活発に起きていて、地震後一〇年で地震の数は二五万回にも達した。

中国ではこのほかのダムでも地震が起きており、完成したばかりの巨大ダム、三峡ダムでも地震の発生を心配している地震学者も多い。

これらダム地震のほか、人間が深い井戸に液体を圧入したり、石油や天然ガスを掘り出したりすることで地震が起きる例が多い。

9　新潟県中越地震と「水圧破砕法」は関係があるのか

エネルギー的には、神はともかく、人間が大地震を起こせるわけはない。大地震のエネルギーは大きな発電所の何百年分もの発電量に相当するくらいだから、とても人間が作り出せるエネルギーではないからである。

しかし、人間は間接的には地震を起こせないことはない。つまり、地震が起きそうなだけ地下にエネルギーがたまっているときには、人為的な行為が地震の引き金を引くことは出来るということが分かってきている。先に述べたダム地震はそのひとつである。

ダム地震以外にも、人間が意図しないうちにこの実験をやってしまったことがある。一九六二年に米国コロラド州のデンバーの近くで深さ三・七キロの深い井戸を掘って、液体の放射性廃棄物を捨てたことがある。捨てたのは米空軍のロッキー山工廠という軍需工場の廃液だった。厄介ものの放射性廃棄物を処分するには地下深部というのは卓抜な思いつきだ、と思って始めたに違いない。

ところが、日本と違って地震がまったくなかった場所なのに、突然、地震が起きはじめた。多くはマグニチュード4以下の小さな地震だったが、なかにはマグニチュード5を超える結構な大きさの地震まで起きた。生まれてから地震などは感じたこともない近くの住民がびっくりするような地震であった。

騒ぎになったため、一九六三年一〇月にいったん廃棄を止めたら、地震はしだいに減っていった。そして一年後の一九六四年九月に注入を再開したところ、おさまっていた地震が再発したのであった。

それればかりではない。液体の注入量を増やせば地震が増え、減らせば地震が減った。一九六五年の四月から九月までは注入量が多く、最高では月に三万トンと今までの最高に達したが、地震の数も月に約九〇回と、今までで最も多くなった。液体を注入することと地震が起きることが密接に関係していることは確かなことだった。

注入する圧力も変えてみた。時期によって圧力ゼロ、つまり自然落下から最高七〇気圧までいろいろな圧力をかけたが、圧力が高いほど地震の数が多かった。

このまま注入を続ければ、やがて被害を生むようなもっと大きな地震が起きないともかぎらない。このため、この廃液処理計画は一九六五年九月にストップせざるを得なくなった。せっかくの放射性廃液処理の名案も潰えてしまったのだ。

別の例もある。同じコロラド州のレンジリーという油田で、石油を掘り出す深い井戸に水を注入したところ、やはり地震が起きだした。じつは水の注入は原油の産油量を増やすためによく行われることである。ここも地震がないところだったが、地震の数は月に十数回になり、最大の地震のマグニチュードは4を超えた。

ごく最近の例では、やはり米国オハイオ州で天然ガス採掘が原因と思われる地震が頻発し、二〇一二年初頭に井戸を閉鎖する事件も起きた。

これは「水圧破砕法」と呼ばれる天然ガス採掘をしていた井戸だった。水圧破砕法とは、化学物質を含む液体を地下の岩石に高圧で圧入して岩石を破砕することによって天然ガスや原油を採取する手法だ。地下で天然ガスを溜めている頁岩《けつがん》層に割れ目を作って、そこから層内の原油やガスを取り出す掘削法である。

オハイオ州では最大五五億バレルの石油と四二五〇億立米相当の天然ガスが埋蔵していると考えられていて、水圧破砕法は石油や天然ガスを採掘する重要な技術だとされている。

オハイオ州北部にあるヤングスタウンで注入井を操業開始したのは二〇一〇年一二月だったが、すぐ後の二〇一一年三月から地震が起きだした。怪我人もなく被害も軽い地震だったが、同州周辺で地震が起きたことはほとんどなかったために、地元では大きな騒ぎになった。

二〇一一年の年末までに発生した地震は一一回。地震のマグニチュードは2・1〜4・0だった。このうち最大の地震は大晦日に発生した。

世界的に優秀な地震学者が揃っている米国コロンビア大学ラモントドハーティ地球観測研究所の科学者らがこの地震について調べ、震源が問題の注入井の底から約一キロのあたりであることもあり、地震と水圧破砕法の関連性は非常にありうると結論づけた。このため、近辺で地震が頻発していた注入井が一時閉鎖されることになっていた。

しかし大晦日の地震の後には、さらにその注入井から半径八キロ以内にある注入井にまで閉鎖範囲が拡大された。

米国ではこのほか二〇一一年にアーカンソー州のガス田でも大規模な群発地震が発生し、当局は注入井二ヶ所の操業を一時停止させた。二〇〇九年にはテキサス州フォートワースとダラス周辺の注入井とその近辺で発生した地震も、井戸の作業と関連があると地震学者が発表した。

このように米国各地で人間が図らずも起こしてしまった「人造地震」が起きているのである。地下ではなにが起きていたのだろう。人間が地下に圧入した水や液体が、岩盤の割れ目を伝わって深いところにまで達し、地下にある断層を滑りやすくした、つまり地震を起きやすくしたのに違いないと考えられている。

地震の起きた深さは、ときには一〇キロとか二〇キロ、穴の深さより数倍も深い場合が多かった。これは、そこまで水がしみ込んでいったか、あるいは、たとえば長い列車の後ろを押すと前端までのすべてが動くように、地下の圧力がはるか先まで伝わっていって地震を起こしたものだと考えられている。

ところで、二〇〇四年に起きた新潟県中越地震（マグニチュード6・8）のときには、震央から約二〇キロしか離れていないところに帝国石油の天然ガス田（南長岡ガス田）があり、地下四五〇〇メートルのところに高圧の水を注入して岩を破砕していた。

オハイオ州と同じように、坑井を「刺激」するために、深い井戸を通じて油ガス層に「水圧破砕法」を使って坑井近傍の岩のひび割れを増やして生産量を増やすために行われていたのである。この工法によって生産性を八倍も増加することに成功したと言われている。

南長岡ガス田は一九八四年に生産を開始していたが、二一世紀になってから「水圧破砕法」を使い始めていたのだった。

このほかに、この井戸では地下約一一〇〇メートルの帯水層まで井戸を掘り、二〇〇三年から二〇〇四年までの約一年半の間、一日二〇トンから四〇トン、合計で約一万トンの二酸化炭素を圧入する実証試験を日本で初めて行っていた。

これは経済産業省が主導してきた工場の排ガスなどから二酸化炭素を取り出して地中に埋める貯留技術「ＣＣＳ」の実験だった。その後も北海道苫小牧沖、福島県勿来《なこそ》・いわき沖、福岡県北九州沖も実験の候補地として予備的な調査を行ってきているが、二〇一二年度から北海道苫小牧市で始めることになっている。

この新潟での井戸の位置は、新潟県中越地震の震源にきわめて近い。つまり震源に極めて近いところで「作業」をしていたことになる。

じつは、この水圧破砕法は、地下水が十分にはないところでの地熱開発の有力な方法でもある。自然エネルギー開発の一環としての地熱開発には、この種の問題が潜んでいる可能性がある。

10　気象庁の余震の見通しが誤った新潟県中越地震

その新潟県中越地震は二〇〇四年一〇月二三日に、新潟県中越地方を震源として発生した直下型地震である。マグニチュードは６・８だった。

この震源の近くでは一九三三年に小千谷市南部でマグニチュード６・１の地震が起き、また一九六一年には長岡市付近でマグニチュード５・２の地震が起きていたが、これらの過去の地震にくらべて新潟県中越地震は格段に大きなものだった。

気象庁発表では震源の深さは一三キロとされているが、一般に気象庁の発表する震源とは、拡がりを持った地震断層のうち、破壊が始まった「点」を示すものだ。このため、震源が南北四五〇キロもあった東北地方太平洋沖地震でも、気象庁による震源は牡鹿半島沖七〇キロの「点」になっている。ある程度以上大きな地震では、かなり不自然な発表なのである。

この震源の場合も、余震の分布は深さ四キロまで拡がっていた。余震域の拡がりは本震の地震断層を示すものと考えられているから、この震源は、深さ四キロから少なくとも一三キロ以深まで拡がっていたことになる。つまり帝国石油の井戸の底の深さまで震源が拡がっていたことになる。

この地震で死者六八人が出た。地震後に家が壊れたり余震を怖れて車の中で長期間寝泊りしたことによって、深部静脈血栓症、いわゆるエコノミークラス症候群などで数名が亡くなった。じつは地震による直接の死者は一六名しかいなかった。あとの五〇名以上はストレスや深部静脈血栓症などによる地震後の関連死だった。地震後に避難した人たちから犠牲者を出すのは天災というよりも人災の要素が強いから、なんとしても避けなければなるまい。

住宅の全半壊は一万七〇〇〇棟あった。最大の震度は川口町（現長岡市）での7であった。しかし地震発生直後の停電で衛星通信端末が停止し、気象庁にはこの震度情報が届かず、当初は小千谷市などで観測された震度6強が最大震度だとされた。このように気象庁の震度情報は、大地震では役に立たないことがある。

阪神・淡路大震災にくらべて被害が少なかったのは、山間部なので人口が密集する都市が少なかったことや、豪雪常襲地帯のために建物が頑丈に作られていたことが理由だった。

この新潟中越地震では、大規模な斜面崩壊が何ヶ所もの土石流を引き起こした。斜面崩壊や土石流などが発生した場合、河川をせき止めたり、さらにその結果として溜まった水が決壊して二次災害が発生することがある。

新潟中越地震のときも、このせき止めが起きて土木工事によって必死に水を抜いた。このため大規模な二次災害は防がれた。

しかし、そのほか山崩れや土砂崩れが起きて鉄道や道路がいたるところで分断されてしまった。もともとこの年は、七月に新潟県一帯で大規模な水害が起き、夏から秋にかけて台風が過去最多の一〇個上陸するという、例年になく雨が多かった年だった。このため、元来地滑りが起こりやすい地形だったうえに、雨によって地盤が緩んでいたので多くの土砂崩れが起きてしまったのである。

この地震で弱点が明らかになったものには電話もあった。新潟県への電話が集中したために、交換機の容量を超えて発信規制がかけられて通じにくくなった。また、山間部へ通じる通信ケーブルが破壊されて電話が通じず、孤立する自治体も出た。

また、阪神・淡路大震災以後は固定電話よりも災害に強いと思われてきた携帯電話が弱点をさらけ出した。震源地の近くでは中継局の設備が壊れたり停電があったほか、こういった停電に備えていたはずの中継局の非常用予備バッテリーも、通話が集中したことによってわずか一日ほどで使い切ってしまった。このため中継局が停止し、広範囲で通話不能になってしまった。

ところで、この新潟県中越地震で目立ったことは、地震後に気象庁が発表している余震の見通しが、たびたび裏切られたことだ。

気象庁はこの種の余震の見通しの発表を、この地震に限らず続けているが、じつは本震が起きた後でどんな余震がいつ起きるかを正確に予測することは、現在の学問レベルでは不可能なのである。

余震の推移については経験的な法則しかない。しかも例外が多い。

一般には、本震の深さが深いほど余震は少ない。また、余震の最大マグニチュードは本震から1くらい小さいことが多い。しかし本震とほとんど同じ大きさの余震が起きることもある。また、ほとんどの地震は余震を伴うが、一般に震源が浅い地震ほど余震が多く、震源が深い地震は余震がないこともある。

最大の余震は本震の後、数日以内に起きることが多いのだが、これもいつもあてはまるわけではなく、半月以上たって起きることもある。たとえば東北地方太平洋沖地震では約一ヶ月あとになって最大の余震が起きて、宮城県北部と中部では、余震の中で最強だった震度6強を記録した。マグニチュードは7・1だった。

じつはこのときも、気象庁はこの余震の前日に、三日以内の最大震度5強以上の確率は一〇%と発表していた。そんな低い確率でも起きてしまったのだった。

新潟県中越地震のときには、地震断層がひとつではなくて複雑だったために、気象庁の予測発表を上回る余震が何度も繰り返された。地震後、一〇月の末までに六〇〇回、一一月末までに八二五回もの有感地震の余震があった。震度6強という強い余震も何回か記録された。

余震には経験則しかなく、しかも例外も多いから、気象庁が記者会見をして発表している余震の見通しの予想がこのように外れることは多い。つまり、気象庁が発表しているのは、たんに平均的な経験例にもとづいているだけなのだ。また、あとで言質を取られない用心をしながら、余震に対する一般的な注意を呼びかけているので、気象庁が発表する余震の見通しはあてにはならないことが多い。

余震の数は、ばらつきはあるが全体としては時間とともに指数関数の形で減っていくので、しだいに余震の回数は減っていく。しかしなかには、大きな余震が起きて、減りかけていた余震の数がぶり返してしまうこともある。

なお、この新潟県中越地震の震源から出た長周期表面波が二五〇キロも離れた東京の都心部で高層ビルを揺らせ、エレベーターを吊っているメインワイヤーを切った。これについては164頁で述べる。

11　原発に立ち直れない被害を与えた中越沖地震

この新潟県中越地震から三年後、新潟県中越沖地震が起きた。二〇〇七年七月一六日のことだった。これも直下型地震だが震源は新潟県中越地方沖の海底、地震のマグニチュードは新潟県中越地震と同じ、6・8だった。

じつは、この地震の震源も、帝国石油の南長岡ガス田の井戸から、新潟県中越地震とは反対側に二〇キロしか離れていなかった。井戸は、こちらの震源にもきわめて近いところで作業をしていたのである。

最大の震度は6強だった。これを記録したのは新潟県長岡市（小国町法坂）、同柏崎市（中央町・西山町池浦）、同刈羽村、長野県飯綱町三水地区であった。なお、このほか非公式だが東京電力の柏崎刈羽原子力発電所の敷地内にある地震計が震度7に相当する揺れを記録した。

この地震では死者一五名、建物の全半壊は約七〇〇〇棟に達した。しかし、この地震でいちばん目立ったのは柏崎刈羽原子力発電所の被害だった。

この原子力発電所は新潟県柏崎市と同県刈羽郡刈羽村にまたがって作られている。東京電力の原発だが、ほかの東電の原発と同じく東電の管内にはなく、東北電力の管内にある。七つの原子炉を持ち、合計出力は八二〇〇万キロワットで、七号機が営業運転を始めた一九九七年段階で、それまでの最大だったカナダのブルース原子力発電所を抜いて世界最大の原子力発電所になっていた。

地震の直後、原子力発電所の変圧器から火災が発生した。火災現場には職員らが駆けつけたが、現場近くにあった消火用配管が地震で壊れていたために消火活動は行えず、そのうえ緊急時対策室の入口ドアの枠が歪んでドアが開かなくなったために室内に入れず、地元消防署との専用電話が使用できなかった。

こうして外部の消防隊の到着と消火活動が遅れたために、出火から二時間もしてから鎮火した。その後の調査で、少量の放射性物質の漏れが確認された。

運転を行っていた四つの原子炉すべては自動で緊急停止した。しかし、原発の内部は損傷がひどく、五年後の二〇一二年現在でも、まだ完全復旧のめどが立っていない。

設置してあった地震計では、耐震設計時の基準加速度を上回る加速度が記録されていた。三号機タービン建屋一階で二〇五八ガル、地下三階で五八一ガル、三号機原子炉建屋基礎で三八四ガルと、それぞれ想定の二倍〜二・五倍という、大きく想定を超えた震度だった。

前に115頁で書いたように、これらの加速度は、原子力発電所の設計時に想定していた加速度を大幅に上回っていた。この原子力発電所でも、内部の損傷はこのために起きていたのであろう。

阪神・淡路大震災以後、日本各地で地震計が増え、113頁にあるように、今までは記録されたことがない大きな加速度がじつはあることが分かった。この恐れが現実になってしまったのであった。

12　過去に地震歴のないところで起きた直下型地震

直下型地震は陸だけで起きるものだけではなく、海溝ほどは日本から離れていない日本近海の海底でも起きている。新潟県中越沖地震のほかにも、近年では福岡県西方沖地震（二〇〇五年）、能登半島地震（二〇〇七年）はいずれも陸地に近い海底下に震源がある直下型地震だった。

福岡県西方沖地震は二〇〇五年三月二〇日に福岡県北西沖の玄界灘を震源にして発生したマグニチュード7・0の地震だった。

地震断層は福岡市から北西三〇キロの海底にあり、その長さは三〇キロ、幅は二〇キロほどだった。地震のメカニズムが横ずれ断層だったため津波はほとんど発生しなかった。震源は浅かったから、もし縦ずれ断層だったらずっと大きな津波を生んでいただろうから、これは不幸中の幸いだった。しかし気象庁は例によって、メカニズムを知らないまま津波注意報を出した。

最大震度は6弱だったが、これは震度計が設置されている福岡市内（東区、中央区、西区）と前原市で記録されたもので、震源に最も近い陸地である玄界島では震度計はなかったが、震度はもっと大きかったのではないかと推測される。

玄界島では、建物の大半が大きな被害を受けた。このため島には約一〇人を残して、住民は福岡市本土に全島避難することになった。島の全人口は六九一人、全半壊は一八〇棟を超えた。

また福岡市の中心部、天神でもビルの窓ガラスが割れて下の道に飛び散った。一〇階建てのビルの四〇〇枚以上の窓ガラスが割れて落下し路上に散乱したものだ。幸いこのための死者はなかったが、都会のビルが地震に遭ったときの危険のひとつである。

じつは一九七八年の宮城県沖地震（155頁）で、落下したガラスで多数の死傷者が出ていた。そして同年中に、新築のビルは窓枠の固定に「パテ」の使用が法律で禁止された。パテはそれまでの建物では窓ガラスを窓枠に固定する材料として一般的に使われていたが、弾力性に乏しいうえに振動が直接ガラスに伝わるので、割れて落下する危険が高かったのである。

その後に建てられた建物は、柔軟で衝撃吸収力が高い「シーリング材」や「ガスケット」が使われるようになっている。また、法律ではないが、新しいビルでは割れてもばらばらになったり脱落しにくい「合わせガラス」が使用されることが多くなっている。しかし、福岡のビルは築四〇年。法律が変わる前で、その後なんの手当もしていなかったのであった。

またこの地震では、地震保険の問題点も明らかになった。福岡は地震が少なく、もともと地震保険の加入率が低いところだったが、マンションに住む人たちがかけていた地震保険では、自分の持ち分以外の共用部分の修復には地震保険がきかず、保険で補償するためには管理組合としてマンション全体の加入が必要だった。

福岡県西方沖地震のときには福岡県内のマンションの八割は、管理組合が地震保険に入っていなかったが、じつは被害が大きかったのは共用部分だったので、保険が下りなかったマンションが続出した。

ところで、福岡県西方沖地震の震源付近は、日本史上一度も地震がなかったところだ。直下型地震の特徴のひとつなのだが、海溝型地震とは違って、このように過去に記録がないところでも起きる。

近くでは西暦六七九年に筑紫大地震、一八九八年に福岡市付近で糸島地震が起きているが、マグニチュード7クラスの地震はなく、有史以来初の大地震であった。いままで起きなかったから安心、ということは直下型地震にはないのである。

この地震は東京都板橋区や神奈川県綾瀬市でも震度1で有感だった。また一五〇キロほど離れた韓国でも広範囲で揺れ、釜山では改正メルカリ震度階級で震度5（日本の震度では3）を記録した。なお、前に述べたように韓国は日本と同じ震度階を日本の植民地時代から使っていたが、二〇〇一年から日本の震度階と訣別して国際的な震度階である一二段階のものに変更している。韓国では火災も起きた。そのほか、中国の上海でも市街地の高層建造物の上層階では揺れを感じて、食器が音を立てたり電灯が揺れたりしたという。

能登半島地震は、二〇〇七年三月二五日に石川県輪島市の西南西沖四〇キロの海底を震源として起きた。地震のマグニチュードは6・9だった。この地震での死者は一人、負傷者は三五八人、全半壊の家屋は二四〇〇棟であった。

この地震での最大震度は6強（石川県輪島市と七尾市）だった。じつは輪島の震度は7に限りなく近い6強だった。というのは震度は「震度計」で観測した「計測震度」というものを四捨五入して小数点以下を捨てる。輪島市門前町に設置してあった震度計の指示は6・4。もしこれが6・5だったら、四捨五入で震度7になるところだったからである。このほか、石川県、富山県、新潟県で震度5弱以上の揺れを記録した。

この地震は高齢・過疎地域を襲った。このため、いままでの地震になかった多くの問題を露呈することになった。問題になったのは災害時要援護者の避難や支援、健常者用では間に合わない高齢・過疎地域での応急仮設住宅、福祉避難所の設置、住宅再建の助成措置など、どれも解決困難なものだった。これらは、これから起きる内陸直下型地震で、日本のどこにでも起きる問題であろう。

石川県の面積の半分は能登半島だが、能登半島に住む人口は県全体の一一%しかない。典型的な過疎地であった。被害の多かった二市二町の高齢者率は四一%を超えていた。

しかし、犠牲者数が少なかったのは都市部と違って隣近所のつきあいがよくて、ふだんから近所の助け合いがあったためだった。何時頃、どの家には誰がどこにいるのか、お互いが知っていることは、一刻を争う人命救助にはなによりも必要だからである。

この地震も、福岡県西方沖地震と同じく、過去に地震が起きたことが知られていない場所で起きた。

石川県で震度6を記録したのは、震度の観測では初。隣の富山県で震度5を記録したのは、一九三〇年の大聖寺地震以来七七年ぶりで、観測史上二回目だった。大きな地震がここ数十年なかった富山県でも、地元で地震が少ない県という意識が根付いてしまっていたが、そんなことはなかった。

13 震害と火災と水害の全部が起きた善光寺地震

もう少し前の直下型の大地震は一八四七年五月八日に信州（いまの長野県）で起きた善光寺地震である。震源は善光寺平《ぜんこうじだいら》を中心にした直下型で、現在の飯山市常郷付近から長野市大岡にかけての五〇～六〇キロに伸びたものと考えられている。マグニチュードは七・四と推定されている。なお善光寺平とは古くから呼ばれている名称だが長野盆地のことで、長野市を中心とした盆地である。

善光寺では、当時善光寺如来の開帳の期間だった。このため日本全国から参詣客が集まってきていて、市中は混雑していた。

地震は夜八時すぎに起きた。参詣客が宿泊していた旅籠《はたご》など家屋が倒壊したうえ各地から出火し、市中だけでも二〇〇〇軒以上の家屋が倒壊したり焼失し、市中で震災を免れた家屋はわずかに一四二軒だったという。

この地震で善光寺の本堂をはじめ、山門、経蔵、鐘楼、大勧進万善堂などが損壊した。大本願、仁王門、院坊などは焼失してしまった。死者は市中だけで二五〇〇人にもなった。このほか全国から集まった善光寺の参詣者七〇〇〇〜八〇〇〇人のうち、生き残ったものは、わずかに約一割といわれている。

この地震での死者の総数は昔のことでもあり、よくわかってはいない。松代で二七〇〇人、飯山で六〇〇人、善光寺で二三〇〇人、参詣者が六〇〇〇から七〇〇〇人という別の記述もある。また各地での全壊家屋の合計は二万軒以上、焼失家屋は約三四〇〇軒といわれている。

しかしこの地震の震災はそれだけではなかった。地震によって多数の山崩れを起こしただけではなく、その崩れた土砂が川をせき止めて堰止め湖を作り、のちにその湖が決壊して下流に大きな災害をもたらしたのであった。

地震による山崩れは、松代藩領内で四万二〇〇〇ヶ所、松本藩領内では一九〇〇ヶ所に及んだ。そのなかでも、犀川右岸の岩倉山（虚空蔵山）の崩壊は日本史上、もっと大規模な山崩れになった。岩倉山で発生した斜面の崩落は、犀川をせき止めてしまい、高さ五〇メートルにもなった。このため巨大な堰止め湖が作られ、いくつもの村が水没してしまった。

その後堰止め湖の水は増え続け、地震から二〇日後には決壊して洪水を起こした。洪水の高さは、犀川が善光寺平に出る長野市付近で二〇メートル、千曲川で六メートル、新潟県長岡でも一・五メートルもあり、下流の集落がこの洪水に襲われて、流失家屋八一〇棟、死者一〇〇人余名を出してしまった。この決壊は予想されていたので下流域の人は避難していたが、それでも、これだけの被害を生んでしまった。

「死にたくば信濃へござれ善光寺　土葬水葬火葬までする」という狂歌が作られたのも、善光寺地震が、震害や土砂崩れ、水害、火災の広い範囲の被害を生んだからである。

14　終わりの見えない群発地震の恐怖

長野市の南東にある山間の小さな町で起きた群発地震が、日本中の話題をさらったことがある。

このとき一年間に五万二一五二回もの有感地震があった。一九六六年のことだ。いや、ミスプリントではない。年に五万回以上といえば一日平均で一五〇回になる、こんなたくさんの地震に人々は揺さぶられたことになる。

これは長野県の松代町《まつしろまち》で群発地震が起きたときの記録だ。いまは松代は長野市の一部に編入されている。

松代群発地震は一九六五年八月三日に始まった。もともと東京よりずっと地震が少ないところだったから、一日数回の有感地震でも目立った。しかも地震は毎日のように増え続け、日に数十回から、その年の秋には日に一〇〇回を超えるほどの回数になった。

ほとんどが震度1とか2の弱い地震であった。しかし、地震はもっと増えるのだろうか、あるいはやがて大きな地震がくるのだろうか、人々は不安をかき立てられた。

ところが、地震学者も気象庁もオロオロするだけであった。そもそも、なぜ群発地震が起きているのか分かっていなかったから、これらのどの問いにも答えられなかったのである。

当時、松代群発地震はメディアで広く報道され、日本中の関心事になった。「ほしいのは学問」という記事が全国版の新聞にでかでかと出た。松代町長が国会議員の調査団に「町としていま一番ほしいものは何か」と聞かれて「ほしいものだらけだが、何より手に入れたいのは『学問』です」と答えたという記事である。残念ながら「学問」は地元の人が望んでも手に入らなかったのであった。

明けて一九六六年、地震はようやく減りはじめた。有感地震の数はまだ一日数十回ながら、これでやっと峠を越えた、やがては終わるに違いないというかすかな安堵が人々の心の隅に芽生えた。

しかし地震は期待する人々を裏切った。人々の心理を見すかすように、三月からは一転、あれよあれよという間に地震の数は増え続け、四月には前年のピークをはるかにしのぐ一日六〇〇回を超え、七〇〇回に迫る日まで出るようになってしまった。気象庁や大学で日別の地震回数を描いていた棒グラフの紙の丈が足りなくなり、上に継ぎ足していった。

五月には有感地震は一日約七〇〇回、地震計が感じるもっと小さな地震まで数えれば一日に七〇〇〇回以上、平均五秒に一度というすさまじいものになった。つまり地面はほとんど揺れ続けるようになっていたのだ。

地震の回数が増えるにつれて、悪いことに大きめの地震も混じるようになっていた。五月に起きた地震のうち、震度4の地震が三七回、震度5も八回もあった。

震度5（現在の震度階では震度5弱）の地震が日本のどこかで起きると、深夜でも気象庁は記者会見を開いて地震について説明することになっている。それほどの地震である。

震度が5にもなると、かなりの人々が恐怖を感じる。家が倒れるのではないかとの心配がつのる。夜も眠れない。人々の恐れは頂点に達した。

しかし残念ながら地震学者に出来たことは地震を観測して震源を決めることだけだった。地下で何が起こっているのか知るすべもまだなく、それゆえ今後どうなるかの見通しも示せないままだった。

だが幸いにして地震の数は五月をピークに再び減りはじめた。六月には一日二〇〇回、そして七月には一日一五〇回ほどになった。これでもまだ前年の秋に大騒ぎになっていたときよりもずっと多かったのだが、こんどこそ峠を越えたに違いない、ようやく終わりに向かってくれるという期待が人々の心にふくらんだ。

ところが、まだあったのである。

一九六六年八月から、またも地震が増えはじめ、その月のうちにまた一日五〇〇回もの有感地震に揺すぶられることになった。三度目の正直、今度こそはいままでは来なかった大地震が来るかもしれない、という恐れがひろがった。群発地震が始まってから約一年、人々は終わりの見えない地震に翻弄されて疲れ切っていた。

しかし幸いにして、これが最後であった。

地震はその後順調に減りつづけ、晩秋から冬にかけては日に一〇回から二〇回ほど、つまり一年半ぶりにようやく群発地震がはじまった初期の水準にまで戻ったのである。ようやく終わりが見えたのだ。

この群発地震のうちで最大の地震のマグニチュードは5・4だった。一方、約六万三〇〇〇回の有感地震など群発地震の全部を合わせると、マグニチュード6・4の地震一個分のエネルギーになった。

マグニチュード6・4の地震一発はマグニチュード5・4の地震を約三〇個あわせたものに等しく、もし直下型として起きれば大きな被害を生む可能性がある。その意味では人々の恐怖が続いたことは別にすれば、一発の大地震が来るよりも、ある意味ではよかったかもしれない。

地震のほかに奇妙なことがあった。二回目の活動が始まった一九六六年春から、途方もなく大量の水が、震源の近くの山から湧き出してきたのである。その水の量は地震活動が最大のピークを迎えた五月を過ぎても増え続け、夏には毎分二トン近くにもなった。家庭用の風呂だと一杯をわずか六秒で、また六〇〇杯を一時間で一杯にしてしまうほどの量である。なぜ、こんな大量の水が出てくるのか、当時は分からなかった。

松代の地下で何が起きたのか分かったのは、その後数年たってさまざまな研究が進んでからであった。

それによればこの群発地震は、火山地帯でもない場所に、地下深部からマグマが上がって来て起こしたものだった。そしてマグマは幸いにして、途中で止まってくれた。つまり噴火には至らず、冷えて固まってくれたのである。

大量の水も、マグマが地下深くから運んできたものであった。群発地震は不幸な出来事だった。しかし地上に新しい火山ができるよりはましだったのかもしれない。

ところで不思議な「符合」もあった。この松代地震観測所には世界標準地震計という世界中に置かれている地震計のひとつが置かれている。日本では二ヶ所しかない。この地震計が初めて置かれて稼働しはじめたのが一九六五年八月一日、つまり群発地震が始まる二日前だった。群発地震は、この近代的な地震計の設置を待っていたように起こり始めたのであった。

その後の松代はごく静かである。最近の数年間は年にわずか二から四回しか有感地震がない。つまり、普通の状態に戻ったのである。町にも群発地震を知らない世代が増えた。

15　もっと規模が大きかった群発地震は伊豆七島で

しかし、日本で起きた群発地震は松代だけではない。各地で群発地震が起きる。たとえば、北海道函館の沖で一九七八年一〇月に始まった群発地震は、翌年に入ってさらに活発化した。震源は、はじめは函館山の数キロ南方の津軽海峡の海底だったが、その後、震源がもっと東の湯の川温泉の沖に広がって、大きめの地震も混じるようになった。人々は不安を訴えたが、地震学者たちは見守るしかなかった。

その後地震の活動は消長を繰り返したが、一九七九年の夏に最大級の地震が起きた後には、しだいに収まっていった。

この間どの段階でも、気象庁も地震学者も、今後どう推移するのかまったく予測出来なかった。誰でもが終わったと思ってからも、五年目の一九八二年になって、まだ残り火のような群発地震さえ起きた。この函館沖の群発地震もマグマが上がってきて起こしたものだという説があるが、確証はない。

その後も、二〇〇〇年の春から秋にかけて、伊豆諸島の神津島と新島の近海で大規模な群発地震が続いた。この群発地震では、マグニチュード6を超える地震が五回、マグニチュード5を超える地震が四一回、4を超える地震は五九二回もあった。最大の地震はマグニチュード

6・4、神津島では震度6弱を記録して、一人が死亡した。

これに対して松代群発地震では、マグニチュード6を超える地震は一度もなく、最大の地震のマグニチュードは5・4だった。つまり、最大の地震のエネルギーは松代のそれよりも三〇倍も大きかったことになる。それゆえ、小さな地震まで数えたときの地震の総数は、松代群発地震よりも多かった可能性が高い。

しかしこちらの群発地震は震源が海底下にあったから、すぐ足許に群発地震が起きた松代とは違って、こちらの有感地震は全部で一万四〇〇〇余、松代群発地震の四分の一以下だった。これは神津島と新島で感じたものだ。震源から離れた島だから、人々が感じた地震の数は、松代のほうがはるかに多かったのであった。

ところで、もっと大きな規模の群発地震が起きたらしいこともある。一九三八年に福島県沖で起きた群発地震で、このときはマグニチュード7を超える地震が一ヶ月の間に五回も起きた。神津島と新島の近海での群発地震よりさらに数十倍の地震エネルギーが放出されたことになる。幸い、陸から一〇〇キロ以上も離れたところで起きてくれたからよかったようなものの、もしこれが陸に起きていたら、松代群発地震よりもずっと大変なことになっていただろう。

これらの群発地震がなぜ、それぞれの場所に起きたのかは分からない。もしかしたら、日本のどこで起きても不思議ではなかったのかもしれない。また今度、日本のどこかで同じような群発地震が起きる可能性がないわけではない。残念ながら次にどこに起きるのか、それはわからない。

つまり私たち地震学者は、群発地震のときに地下でいったいなにが起きているのかを知る手段をまだ持っていないのだ。マグマが上がってきているのかも知れないし、あるいはいままで岩に溜まっていた歪《ひず》みが、何かの理由で「留め金」が外れて、少しずつ解放されているのかも知れない。最新の医療機器で人体の中を見るようには、地球の中を見ることはまだ不可能なのである。

かつて寺田寅彦は、一九三〇年に起きた伊豆半島伊東沖の群発地震の回数が、日毎に落ちる椿の花の数と似ているという論文を書いたことがある。ある日は多く、ある日は少なくという分布がどのような法則によるものかを考察したのである。伊豆半島の東方沖は、その後もよく群発地震が起きるところである。

16　昔の地震を研究するむつかしさ

日本で、地震計を使った地震観測が始まったのは明治時代だった。このため、もっと昔の地震について知るためには、昔の記録や日記を読んで何百年も昔の地震の歴史を調べる調査が必要である。

日本だと寺や役場が残している文書を読むことが多い。寺の過去帳のように、いつ誰がどん

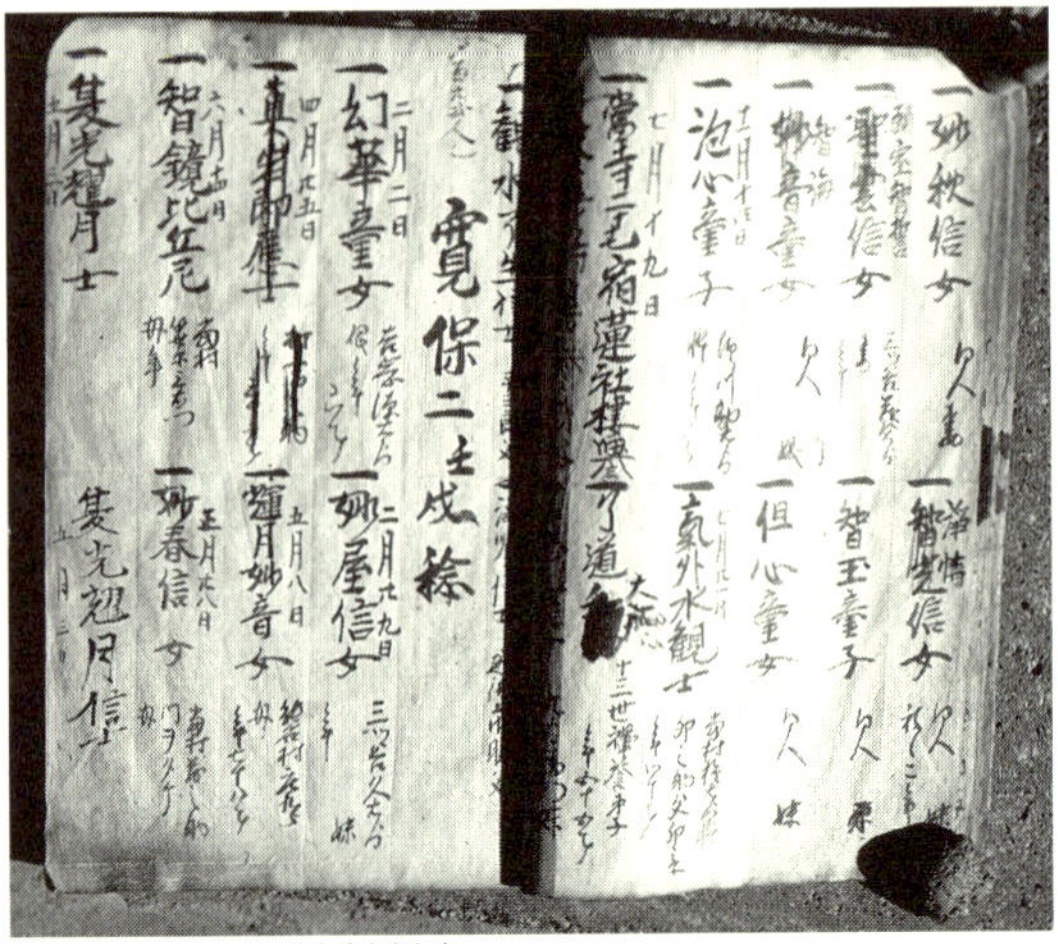

図 23：1741 年渡島大島《おしまおおしま》の津波の被害者の過去帳。童女とあるのが痛々しい＝島村英紀撮影

な原因でなくなったかを記録している古文書は、過去の地震や津波の貴重な記録なのである。そのために、かび臭い蔵にこもって古い文書を頁を繰っている一群の地震学者がいる。

プレートは日本人が日本に住み着く前から同じように押して来ているわけだから、同じような地震が、昔から繰り返して起きてきた可能性がある。

このため、どこで起きてどんな大きさの地震が、どんな被害を出したかといった昔の地震の歴史を知って、これから起きる地震への備えに役立てようとしているのである。これら各種の歴史に書かれている地震のことを歴史地震といい、このようなことを研究している学問は歴史地震学、あるいは古地震学という。

ところが、この調査にはいろいろな問題がある。まず、歴史の資料の質や量が時代や地域によってまちまちなので、全国で均質な調査とはとてもいかないことである。

古くから都のあった近畿地方では、歴史の資料が豊富で数多くの地震が記録されている。一方、歴史の資料がそもそも少ない地方では、歴史に残った地震の数も少ない。しかし、記録に残っている地震が少ないということは、その地方で発生した地震が少ないということではない。

また北海道ではわずか二〇〇年前の地震の記録はもうたどれない。これは文字を持たない先住民族が文字記録を残してこなかったためだ。言い伝えは残っているが、文書と違って地震が起きた時期や詳細な地震の被害が特定できない。

もう一つの大きな問題がある。地震学にとって重要なのは震源の場所やマグニチュードなのだが、それらを直接得られるわけではない。古文書に書いてある地震の被害や津波の状況からこれらを推定しなければならないのである。

たとえばマグニチュードは、被害や揺れが及んだ範囲から推定されるし、震源は被害がいちばん大きかったところだと推定される。また震源の深さは、被害や揺れが震源から遠ざかると減っていくため、その減り方が多いか少ないかから推定する。震源が深いと、遠くへ行っても揺れが小さくなりにくいからだ。

しかし、この被害や揺れの古文書での記述は、多くの場合決して均質なものではない。たとえば藩によって記録のくわしさは大いに違うし、そもそも人が住んでいないところの記録はない。

このほか、地震の被害の報告が政治的な判断でゆがめられた例も多い。大きな被害をそのま

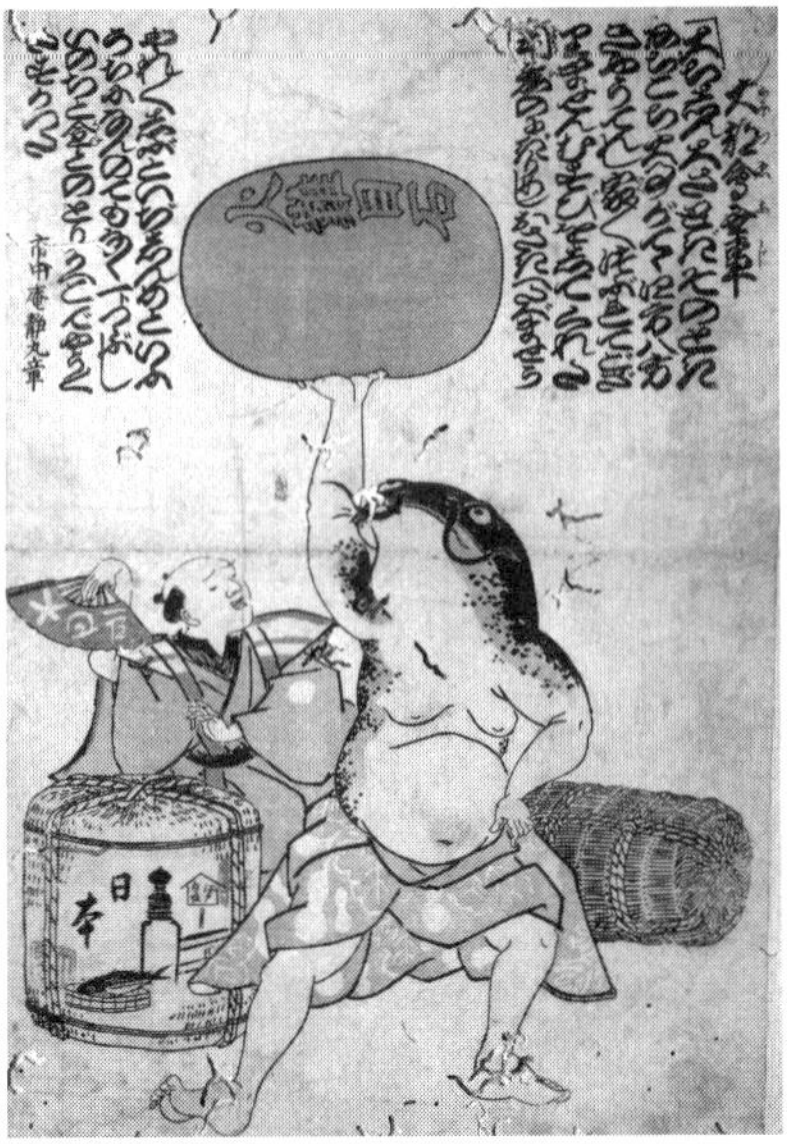

図 24：安政地震漫画＝島村英紀撮影

ま報告することが藩の弱みを見せることになるために隠したり、逆に、援助をたくさん得るために被害を水増ししたりした例もあった。

寺や役場が残した文書のほか、瓦版といわれる大衆向けの新聞も地震学の眼で読み直されている。しかしこれらは一種の娯楽メディアの性質も持っていて、たとえば現代の夕刊紙のように、あることないことを針小棒大に面白おかしく書いているものも多い。それゆえ信憑性が疑わしいものも多い。

安政江戸地震では、地震後わずか三日間で、二五〇以上もの「鯰絵」が発行された。これらは木版の絵と文で地震について描いたものだ。大衆が欲しがる迅速でセンセーショナルなニュースが商売になるのは今も昔も変わらない。

いずれにせよ、地震計の記録とちがって人が残した記録は、よく言えば人間味が溢れるものだし、悪くいえば政治的だったり誇張していたりする可能性があるのだ。

これら歴史資料からの研究では、たとえば安政江戸地震（一八五五年）のような首都での大地震でさえ、古文書の記述の読み方でいろいろ違ってきてしまう。史料のちょっとした記述から「証拠」を読みとる、という推測の作業が必要なのである。

たとえばある研究者は、安政江戸地震の震央を被害の最も大きかった隅田川河口付近と考え、また地震の被害面積からマグニチュードを7・0から7・1と推定している。

ここまでは比較的問題がない。しかし震源の深さについては、史料の読み方で大いに違ってきてしまったのだ。

この地震では地下水の異常や地鳴り、発光現象など、当時は「前駆現象」と考えられた現象が多く記録されていることから、ある研究者は地殻内で起きる浅い地震と考え、これが長らく定説になっていた。

その後、歌舞伎役者の中村仲蔵の手記「手前味噌」に、地震動の初期微動の継続時間（S—P時間）が数秒以上と長かったと読み取れるような記載があったことが発見され、震源が深い可能性も別の研究者によって主張されるようになった。

また別の研究者は震央から七〇キロ離れたところでも震度5相当の揺れだったことから、震源が深い地震だったことを主張した。このように、史料とその読み方によって、震源のデータがかなり違ってきてしまうのである。

この地震については71頁に書いたように、最近の研究では再び、浅い地殻内の地震だったことが分かりかけてきている。

しかし、他の多くの地震では、この安政江戸地震ほどは歴史史料がなく、あまりあてになららない推定を重ねて震源のデータとしているのである。

震源は、揺れが記録されているところの中心に持っていくのが普通だ。だが、地盤が悪いところではいつも揺れが大きく、どんな地震でも大きな揺れや被害が記録されている。このため、歴史地震学で求められた震源の位置や深さが偏ってしまうことも多い。

そのほか、東海沖の大地震だったのに、長野県の歴史史料では、遠くの大地震であったことを知らなかったのであろう、地元の被害だけを記録してあったために、この歴史地震学で地元の地震として数えられてしまったこともある。

コラム　牧師のウソ

米国本土ではいちばん地震が多いカリフォルニア州には、開拓時代、各地にあった教会の牧師が書いて中央に送った報告書が残されている。昔の地震の歴史を調べるために、この報告が調査されたことがある。

牧師のような聖職者の報告は当然ながら客観的で正確なものと思われていた。

しかし、調べれば調べるほど不思議なことがあった。

周囲の報告や状況と照らし合わせてみると、あまりに被害が大きすぎるような、なんとも誇大な報告があった。

　また反対に、大地震の震源地だったのでかなりの被害があったに違いないのに、ほとんど被害がないと意図的に無視したとしか思えない報告も目立った。これらの報告は、後世、古地震研究の科学者を大いに悩ませることになった。

　ようやくわかった理由は社会心理学的なものだった。カリフォルニアという、当時としてははるか辺境の地に赴任させられた聖職者の多くは、荒くれ男たちばかりの新開の地である任地に居続けることがイヤでイヤでたまらなかった。それゆえ、地震の被害を過大に報告して、ここは人が住む地ではない、早く帰してほしいと訴えたのだった。

　では正反対の報告は何だったのだろう。じつは先住民族をだまして交易を進め、しこたま金儲けに励んでいる聖職者も多かったのだ。彼らにとっては、せっかく築き上げた金づるである任地を変更されることは、なんとしても避けなければならないことだった。だから、地震は大したことがない、平静にしてほしいと地震の報告をあえて押さえたのだ。

　こうして、辺境にあった牧師の心情は、後世、学問を惑わすことになったのだった。

第5章 直下型地震の被害が増えている

1 地盤が地震の揺れを増幅する

関東地震のところで書いたように、地盤によっては地震の揺れを増幅してしまう。97頁に書いた福井地震（一九四九年）でも福井市とその周辺の市町村が載っている堆積盆地が地震の揺れを増幅してしまった。

地震の揺れの大小には、震源から出ていく地震波の強弱が方向によって違うことや、地震波の通り道による振動の増幅や減衰など、いろいろな要素が関係している。しかし、揺れの大きさを左右するのは、浅いところの地盤の影響が圧倒的に大きい。

揺れは、物理的に言えば加速度で表すことが多い。建物や土木構造物を揺する力は、加速度にその構造物の重さをかけたものになる。

芸予地震（二〇〇一年、マグニチュード6・7）では、震源から六〇キロも離れていた広島市の北方にある湯来町で、最大加速度が八三二ガルにも達した。加速度で四〇〇ガル以上は震度7相当なので、大変な加速度だったことになる。

しかし、穴を掘って地下一〇〇メートルから二〇〇メートルの基盤岩の上に設置してあった地震計では、最大加速度は一五〇ガルにしかすぎなかった。つまり基盤か一五〇ガルしか揺れていなかったのに、地盤によって地表では六倍近くも増幅されたことになる。ちなみに震度6弱は加速度換算で二五〇から三二五ガルだから、地盤のせいで、震度にして二段階以上も増えてしまったことになる。

日本では都市はもっぱら平らなところに発達している。福井も例外ではない。国土が狭い上に山地が多い日本では、平らなところはあまりない。限られた平らなところに町や都市が発達したのは当たり前のことだったのである。

ところがこういう平らなところは、海岸沿いの沖積層だったり、川が山地から平野に降りてきたところで作られる扇状地だった。両方とも地下には水が多くて軟弱な地盤だ。このほか日本の平野には火山灰が降り積もって平らになったところだったり、湿原植物が腐って泥炭地になったところも多い。86頁に書いた東京の神保町の例のように、昔、川が流れていたところを埋め立てていまは都市が発達したりしている。

つまり日本の平地のほとんどは軟弱なものなのだ。そしてこういう平らなところは、柔らかいものが積み重なったり、地下に豊富な水があるというその成り立ちからして、地震の揺れが増幅されるところなのである。また、場所によっては液状化現象（159頁）が起きるところでもあった。日本の都市に住む多くの人々は、こうして、よりにもよって地震に弱いところに住みついているのである。

そのうえ、近年は地方が過疎化して、都会の人口が増える傾向にある。このため都会とその周辺では、いままでは人が住んでいなかった、あるいは人々が住むのを避けていた場所に住宅が建てられるようになった。

たとえば宮城県沖地震（一九七八年、マグニチュード7・4）は震源は宮城県の沖にあったが、仙台市とその周辺では大きな被害を生んで、それまで日本では経験されたことがなかった都市型の被害をはじめて生んだ地震だった。なお、当時の仙台市は人口およそ六五万人だった。

多くのマンションで玄関の鉄のドアが開かなくなってしまった。ガスや水がストップした都市生活がどんなに大変なものか、人々は初めて思い知らされた。死者二八名のうちブロック塀の倒壊による死者が半数以上の一八名もあった。どれも、いわば新興住宅型の新顔の地震被害だった。

しかしこの地震で目立ったことはそれだけではなかった。この地震では、全壊した家一二〇〇戸の九九％までが第二次世界大戦後に開発された土地に建っていた家だったのである。

つまり昔の人が住むのを避けていた軟弱な土地や、斜面を切り開いたり盛り土をした宅地造成地に建っていた家が倒れたのだった。

昔は開発されるには難点があったのに最近になって土地開発が進められたところ、つまり田圃や河原、傾斜地を削ってひな壇を作った宅地造成地が地震波を増幅して被害を集中させた。

この地震で家屋の被害が甚大だったために、三年後の一九八一年には建築基準法が強化された。この改訂は耐震基準の強化を目指したもので「震度5強程度の中規模地震では軽微な損傷、震度6強から7程度の大規模地震でも倒壊は免れる」強さとすることを義務づけたものだ。この一九八一年の改訂後に建てられた家屋は、阪神・淡路大震災のときには、あきらかに、それ以前の基準で建てられた家屋よりも強く損害が少なかった（49頁）。

ところで、二〇一一年の東北地方太平洋沖地震でも、仙台市郊外の折立にある宅地造成地で大規模な地滑りが起きて、多くの家が住めなくなってしまった。ここでは、かつてあった谷を埋めて宅地を造成したところで、この造成工事は一九七〇年頃に宮城県が行っていたものだ。山の高台に位置する閑静な住宅街である。

近年の家は地震の揺れには強くなっているから、ここでも地震の振動には耐えたそれぞれの家には大きな被害はないように見えるが、家を支えている地盤が傾いてしまって地滑りが止まらないために、修復はほとんど不可能になってしまった。

もちろんこれは仙台市には限らない。全国各地で新しい宅地が造成されてきていて、そこでは、将来の地震で、増幅された揺れや造成地の破壊などによって同じような被害が出ることが懸念される。

傾斜地を造成した土地以外の平らなところでは、地盤としてもっとも弱くて振動を増幅しやすいのは埋め立て地や柔らかい沖積地盤、つまり泥質の軟弱な地盤である。同じ沖積地盤でも少しでも固いものなら、振動を増幅する程度が少し少なくなる。

その次には洪積地盤のうちで弱いものが続き、洪積地盤のうちで硬いものが次ぎ、岩盤だと、いちばん振動の増幅が少ない。

東京の下町から臨海副都心にかけての地帯のように地盤が弱いところで福井地震や鳥取県西部地震や兵庫県南部地震のような直下型地震がもし起きたら、揺れははるかに大きくなって、被害を拡大してしまうはずなのである。

2　じつは深い地盤も関係していた阪神・淡路大震災

福井地震のときの不幸は、福井市とその周辺の市町村が載っている堆積盆地が振動を増幅したことだった。つまり浅いところの地盤が軟らかいと地表での揺れが大きくなる。

しかし阪神・淡路大震災では、それ以外の影響も出たことが初めて分かった。浅い地盤の影響だけでは説明出来ない現象が起きていたのである。

神戸の市街地は、海岸線と、海岸線に平行に走る六甲山の麓との間の狭い平坦地に延びている。この幅の狭い市街地に、海岸から山地に向かって順に阪神電車、ＪＲ、阪急電車の三本の線路がほぼ並行に走っている。

阪神・淡路大震災の被害は阪神電車の沿線でいちばんひどく、次にＪＲの沿線だった。阪急の沿線から山地にかけての被害は、他のところに比べればはるかに少なかった。つまり被害がもっとも大きかった地帯が、海岸線と平行に帯のように延びていたのだった。

このため地震直後には、ここに活断層があるのかと疑われた。しかし、兵庫県南部地震の震源のうち、淡路島で見られたような活断層は、調べても神戸側にはなかった。

結局、神戸のこの「震災の帯」の地下では、地震波が進むときに反射したり屈折したりして振動が増幅された可能性が強いということになっている。震源から北方に進んでいった地震波が神戸市の北西方にある六甲山の基盤で反射して折り返してきた地震波と、もともとの地震波が強めあって、こうなった可能性が強い。

つまり、すぐ下にある浅い地盤の影響だけではなくて、おそらく地下一〇〇〇メートルくらいまでの地盤、しかも広範囲の周辺の地盤が影響して、このような震災の帯を作ったのだろうと考えられている。しかし、こんな深いところまでの地下構造が知られているところは、日本にはほとんどない。

3　液状化の被害は都市化とともに増えている

東京のすぐ東の東京湾岸にある千葉県浦安市では、東北地方太平洋沖地震で大規模な液状化が起きて浦安の市街地の面積の八五％もが液状化の被害を受けて傾いたり破損したりした。被害を受けた場所はむかし海底だった。私たち東京の小学生が潮干狩りにいったところでもある。そこを、後年大規模に埋め立てて、比較的高級で「チバリーヒルズ」ともいわれた新興住宅地を作ったところが今回の被害を受けた。

地震による液状化そのものは昔からあった。たとえば北丹後地震（一九二七年、104頁）では大阪で液状化が起きたし、もっとずっと前では安政江戸地震（一八五五年、69頁）や、明治東京地震（一八九四年、72頁）でも、各地で液状化現象が起きた。昔の地震の歴史を調べるために遺跡を調べるときも、液状化の跡を見て地震のあるなしを判断することも多い。

もっと前には悲惨な例があった。天正の地震（一五八五年）では、いまの富山県高岡市の近くにあった木舟城が一瞬のうちに消えてしまったのである。これは、もともと軟弱な地盤に建てた城が、液状化した地面に呑み込まれてしまったのではないかと考えられている。ここは富山平野の南の端に近く、山地から富山平野に流れ降りてきた地下の伏流水が豊富なところで、それゆえ地盤がとくに軟弱だった。

写真25：2003年十勝沖地震で液状化によって浮き上がったマンホール。北海道十勝で＝島村英紀撮影

液状化が一般に知られるようになったのは、一九六四年に起きた新潟地震のときだった。河原に建っていた鉄筋コンクリート五階建ての県営アパートが無傷のまま、仰向けに倒れてしまったことがテレビや写真で報道されたからである。

液状化とは、水分をたくさん含んだ砂の多い地層が強い地震動によって揺すぶられると、砂粒どうしの結びつきが弱まって、地層全体が液体のように流動化することだ。このとき、流動化した泥水や砂が地表に吹き出すこともある。これは噴砂《ふんさ》現象といわれる。

液状化が起きる条件は、地層に水が多く含まれていることと、砂がゆるく堆積していることである。つまり埋立地、干拓地、昔の河道を埋めた土地、砂丘や砂州の間の低地などで地下水位が高いところが液状化の危険のある地盤なのだ。前に述べたように、東北地方太平洋沖地震のときに千葉県我孫子市で起きた液状化は、昔の沼を砂で埋めた宅地で起きた（39頁）。

液状化が起きると、地盤は液体のようにふるまうから、地上の構造物を支えられなくなってしまう。このため重いビルや橋梁が地面の中に沈んだり、他方、地下に埋設してあるが中空になっているために軽い管やマンホールなどが浮力で浮き上がったりする。

液状化が起きると、道路やライフライン、つまり地下に埋まった水道やガスや電気や電話の配管が損傷して、いわゆる都市型災害を引き起こす。都市が拡大するほど、液状化の被害も増えるのである。

また、もし地面が平らではないところだと、液状化した地層が地すべりのように滑って、盛り土が崩壊することもある。

4　いままでになかった長周期表面波による災害が生まれる

二〇〇三年に起きた十勝沖地震では、苫小牧市にある大型石油タンク二つが燃え続けた。手の施しようもなく、四四時間後にタンクの中のナフサが燃え尽きるまで燃え続けたのであった。マグニチュード8だった震源からは二〇〇キロも離れていたのだが、「長周期表面波」によるスロッシング（液体の共鳴）でタンクの蓋が破損したためだと考えられている。

この石油タンクは直径四二メートル、高さ二四メートルもある巨大な「浮き屋根式タンク」で、鋼板製の屋根が石油に浮いている型式のものだった。タンクの容量は三万三〇〇〇キロリットルで、出火当時、片方は原油がほぼ満杯、もう片方は八割方ナフサが入っていた。

このタンク内の石油が最大で三メートルも上下に揺れて、浮き屋根が石油タンクに衝突して

写真26：苫小牧で燃え尽きた石油タンク。近くの自動車とくらべると大きさがわかる＝島村英紀撮影

火花が発生し、それが原因となって石油タンクが燃えたものと考えられている。なお、苫小牧の震度は5弱で、近隣の住宅などにはなんの被害もなかった。

じつはこの「長周期表面波」は、二一世紀になるまで地震学者にもその危険が知られていなかった地震波なのである。

表面波とは地震波の一種で、震源から地表に沿って伝わってくる地震の波である。表面波はその物理的な性質上、震源から離れても実体波（ほかの地震波）ほどは減衰しないで、つまり大きな振幅のまま伝わってくるのが特徴である。実体波は距離の三乗で減衰するのに、表面波は距離の二乗でしか減衰しないので、遠くに行くと大差がついてしまうのだ。

実際に届く地震波の振幅は、これに伝わっていく岩の中の減衰が加わる。この岩の中の減衰は地震波の周期が小さいほど大きいので、震源から遠くに行くと、周期の大きな、つまりゆっくりした揺れだけが残るというわけなのである。

超高層ビルはどんな地震にも耐えられるような設計になっていると思っている人は多いだろ

う。しかし高層ビルや超高層ビルはこの種の強い表面波にはまだ一度も遭遇したことがないのである。

日本で高層ビルが建てられるようになったのは一九六四年からだ。それまであった建物の高さは三一メートルまでという建築規制が撤廃されて、高層ビルが建てられるようになった。それゆえ、それ以前の地震で強い表面波が出たとしても高層ビルに被害が出ることはなかった。しかし、この未知だった波が、将来、いままでになかった被害を引き起こすのではないかと私たち地震学者は怖れている。

少し離れたところで浅い大地震が起きたとき、たとえば関東地震のように神奈川県沖の相模灘で大地震が起きたとき、高層ビルが乱立している東京湾の臨海副都心や首都圏南部には強い表面波が伝わってくる。苫小牧の場合でも、マグニチュード8・0の二〇〇三年十勝沖地震から二〇〇キロ以上の距離を表面波が伝わってきて地震災害を起こした。

やや遠い巨大地震から伝わってくる表面波は、ごくゆっくりと揺れる。揺れの周期は数秒から十数秒もある。この周期の地震波が、固有周期が長いもの、つまり石油タンクの中の石油や高層ビルや超高層ビルを共鳴させるのである。固有周期とは、そのものが自然に揺れる周期だ。バイオリンやチェロの弦を弾いたときには、それぞれの固有周期で振動した音が出る。実際の建物を横に引っ張って離してみて、その固有周期を調べることもある。

この共鳴現象のために、直下型地震が近くで起きたときよりも、ビルや構造物は、はるかに大きく、しかも数分間にわたって揺すぶられることになる。超高層ビルの上の階では振幅が五メートルを超える横揺れがあるのではないかと考えられている。このため、たとえビルそのものは倒壊しなくても、ビルの中にある重い家具や装置がビルの中で動き回ったり、壁を破って隣の部屋に飛び込んだりすることが十分考えられるのだ。

関東地震のときにも長周期の表面波が出たに違いない。しかし当時はこの長周期表面波と共鳴するような高い建物はなかった。じつは超高層ビルは、世界のどこでも長周期表面波の洗礼を受けたことがない建物なのだ。

兵庫県南部地震のときに神戸に建っていた高層ホテルには被害がなかった。これは地震がマグニチュード7クラスの直下型だったので、震源からある程度離れたところから大きくなる性質を持つ長周期表面波に襲われなくてすんだためだった。つまり震源に「近すぎた」という幸運だった。しかしほかの地震でも、高層ビルが大丈夫だという保証にはならないのだ。

新潟県中越地震（二〇〇四年）のときには、マグニチュードは6・8。東京までの距離は二五〇キロもあったから、東京での震度は3から4だった。地下鉄も自動車も、何の支障もなく走り続けていた。しかし六本木ヒルズの高層エレベーターが六基も損傷し、そのうち一基はエレベーターを吊っているメインワイヤーが切れた。幸い、非常停止の仕組みが働いてエレベーターは落下せずに止まった。これが、長周期表面波による「最初の目立った地震被害」になった。

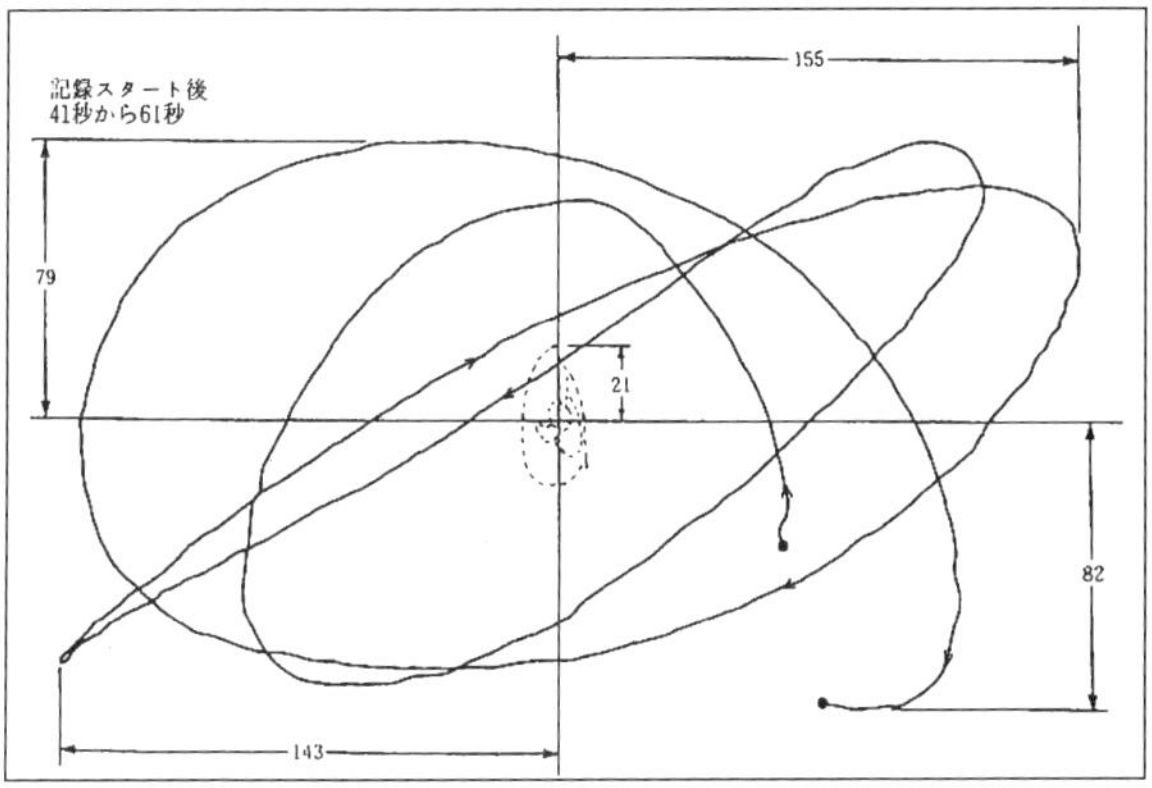

図 27：新宿の高層ビルでの水平動地震計の記録。最上階（実線）は地下（点線）より 20 倍以上も大きく揺れている。振幅はミリメートル。村松郁栄による。

じつは過去にも例があった。鳥取県西部地震（二〇〇〇年、51頁）が大阪、そして東京の高層ビルさえも意外な震幅で揺らして小さな被害まで生んでいたことが、後から分かったことがある。

大阪では震度3だったが、市内の三二階建てのビルが三〇センチもの振幅で揺れたことが後から調べて分かった。鳥取県西部地震はマグニチュード7クラスの地震だったから、震源からそれほど強い表面波が出ていたわけではない、それでもこれほど揺れたわけだから、もっと大きな地震のときにどうなるのかは未知数なのだ。

高層ビルが建ちはじめたごく初期のころに、この種の長周期表面波を観測しようとした先達の地震学者がいた。岐阜大の村松郁栄氏だ。自作の広帯域地震計を作り、建ったばかりの高層ビルの屋上と地下に設置できるビルを探した。

しかし、多くのビルが嫌がり、唯一探した新宿の五四階の高層ビルに設置できた。だが、結果の報告にはビルの名前を出さないことなど、厳重な条件を付けられてしまった。

こうして、ようやく記録したこの村松氏の地震計は一九八四年に起きた長野県西部地震（マグニチュード6・8）で、図のような記録を取った。東京での震度は3だったが、屋上では地下よりも二〇倍以上の振幅で揺れているのが分かる。

心配なのは高層ビルや超高層ビルには限らない。固有周期が長い建築物や構造物はどれも、周期の長い表面波が来ると共鳴して激しく揺れる可能性が高い。原子力発電所、化学コンビナート、新幹線の盛り土といった昔はなかった新しい構造物が、いろいろな地震から出るいろいろな周波数の地震波でどう揺れるか、政府や企業が言っているほど安全なのかどうかには未知数のことが多いのである。

第6章　地震予知はお手上げ

1　大震法という世界唯一の地震立法

大震法（大規模地震対策特別措置法）という法律がある。この法律は東海地震が予知できることが前提になっている。地震予知警報が出ると、この法律によって、たとえば新幹線や東海道線や東名高速道路などが止められて大地震が来るのを待つことになっているし、デパートやスーパーなどは閉店させることになっている。耐震性が少ない病院では、入院患者をそれぞれの家に帰すことにもなっている。

これから起きる地震について、このような法律が作られたのは世界最初で、いまだに世界唯一の地震立法である。

東海地震の予知を担当して、いざというときに警報を出すことになっているのは気象庁である。このため、気象庁には地震防災対策観測強化地域判定会（通称は判定会）という組織があって、定期的に「演習」を行っている。東海地方での各種の観測データが気象庁に集められて、常時、監視されている。

この法律は一九七八年に作られた。一九七六年に東海地震がいまにも起きると地震学者に指摘されて、慌てて法律や気象庁を中心とする地震予知の仕組みが作られた。法律が作られた過程での国会審議などでは、地震予知は出来る、有望な前兆を捉えることも出来る、と気象庁が主張していた。

多くの地震学者は数年か一〇年ほどで地震が起きると思っていた。しかし、数年、あるいは十数年以内に起きると思われていた東海地震は、その後起きないまま三〇年以上がたってしまった。

そのうえこの三十数年間に、地震予知を巡る学問的な事情が変わってしまった。一九七〇年代には、学問的には地震予知が出来そうな展望があったのに、一九八〇年代からその展望が、急速に消えてしまったのである。ここでは、これらの「見込み違い」と地震予知の現状について見ていこう。

2　前兆を追いかけた地震予知手法の挫折

地震予知研究の歴史はまっすぐ進んできたのではなかった。

地下で地震の準備が進んでいって、やがて大地震に至る過程は、いまだに分かっていない。しかし大地震の過程そのものが分からなくても、もし大地震に前兆というものがあれば、それを捕まえることによって地震予知ができるのではないか、というのが日本、そして世界の地震予知研究が進んできた道であった。

日本で国家計画としての地震予知計画が始まったのは一九六五年だったが、その前後には世界中で前兆が報告されていて、いまと違って、地震予知研究にバラ色の未来が見えていた時代だった。

当時の考えは「ものが壊れるのを研究するのが難しいからといって、地震予知が不可能というわけではないだろう」というものだった。つまり、純粋な科学はたとえ後回しにしても、とりあえず実用的な地震予知ができれば、という希望を科学者が持っていたのだった。

一九七〇年代には、当時の地震予知「先進」国、つまり、中国、当時のソ連邦のうち中央アジアの共和国、米国東部などで前兆が相次いで報告された。日本でも伊豆大島近海地震（一九七八年、マグニチュード7・0）などいくつかの地震のときに、地震活動、地下水の異常、地殻変動、地球の磁気などにいくつもの前兆があったと報告された。

実際には、予知に成功したと報じられた中国の海城地震（一九七五年二月。マグニチュード7）以外のすべては、地震の後に調べたらこんな前兆があった、という事後の発表だった。

震源で何が起きているのか、なぜ、どのように前兆が出るのかという「科学」は解明されないままだった。しかし、こういった科学はあとでもいい、とにかく前兆を捕まえて地震予知が可能になれば、というのが地震予知を研究している地震学者の心情だった。

だが、たくさん前兆が見つかっていたはずなのに、一九七〇年代の終わりからは、地震予知研究の未来に見えていたバラ色は急速に色褪せていった。日本だけではなく、世界のほかの国でも事情は同じだった。

地震の前に前兆のようなものが出ることは、その後にもあった。問題だったのは、同じような地震が起きても肝心の「前兆」なしに大地震が起きてしまったり、逆に、前の成功例と同じ「前兆（と考えられるもの）」が出たのに大地震が起きなかった例がたくさん経験されるようになってしまったことだった。

ひとつの地震で出た前兆が、同じ場所であとに起きた地震で同じように出る例はほとんどなかった。また、ある地震で現れた前兆が、別の場所で起きた地震でも同じように出ることもなかった。つまり、報告されてきた前兆現象に、科学を進めるうえで重要な「再現性」も「普遍性」もほとんどないことが次第に明らかになってきたのだ。

また、それまでに前兆として報告された例でも、震源に近づくほど前兆が大きくなることもないし、地震の大きさが大きいほど前兆が大きいこともなかった。その出方が系統的ではなくまちまちであるばかりでなく、どれも「定量的」ではないこともわかってきてしまったのだった。

これは、小さな地震の活動、地殻変動、電磁気現象、地下水の変化など、何種類もあるといわれてきたどの前兆現象についても同じだった。

前兆を集めればなんとかなる、として進めてきた地震予知研究は、行き詰まってしまったのである。

そして現在では、いままで追い求めてきた前兆と地震とのあいだに因果関係があるかどうかさえも、疑わしくなってきてしまった。いままで前兆だとして報告されてきたものは、たんに偶然に起きた関係のない現象だったのではないかという批判も強くなっている。

そのうえ、前兆を発見したと発表するのは研究者だが、それを他の研究者が検証した例もほとんどなかった。検証したわずかな例は、科学的な前兆とはいえないものがほとんどだった。

残念ながら、いままでの半世紀近い日本の地震予知の歴史で、地震予知に成功した例は一回もない。地震予知がいつ可能になるのか、そもそも可能かどうか、いまの科学ではわかっていない。

なお、この辺の事情は拙著『「地震予知」はウソだらけ』(講談社文庫)にくわしく書いた。

3　内陸直下型地震はまったく手が出ない

一九九五年に兵庫県南部地震（阪神・淡路大震災）が起きて数十年ぶりの大被害を生んだときに、地震研究者の集まりである地震学会は、声明ひとつ出せなかった。地震予知は見込みがあるとして大震法成立の後ろ盾になってきた反省も表明できなかったのである。

一方、地震予知連絡会の会長だった研究者の自宅には、地震予知できずに大災害を生んでしまったという抗議や恨みの電話が多くかかってきたという。

そのときも気象庁は「東海地震だけは予知できる」という説明を続けていたし、気象庁のホームページにもそのように書いてあった。兵庫県南部地震のようなマグニチュード7クラスの地震なら、前兆が起きる範囲も小さいし、前兆の規模や程度も小さいに違いない。しかしマグニチュード8クラスの海溝型地震では、そのようなことはあるまいと、気象庁や多くの地震学者は考えていたのである。

気象庁の根拠は、マグニチュード8クラスの地震はマグニチュード7クラスの地震とくらべるとエネルギーは三〇倍も大きいし、海溝付近で地震が起きるメカニズムも分かっているし、東海地震に備えて体積歪計など特殊な観測器も配備してあるから、ということであった。

一九七〇年代から報告されていた各種の前兆現象がどれも討ち死にしてしまったとき、気象庁が唯一頼ったのが体積歪計による地殻変動観測だった。伊豆大島から愛知県まで一八地点に置いた体積歪計という測器で、大地震の前に起きるという説があった「プレスリップ（前兆滑り）」という現象を捉えて、それを地震予知の決め手にしようというのが気象庁の方針であった。この体積歪計のうち、いくつの地点で前兆信号が観測されたらどういうレベルの警報を出す、ということも細かく決まっている。

ところが、プレスリップが大地震の前に出ることは世界の学会で定説になっているわけではない。じつは大地震の前にプレスリップが観測された例はほとんどない。また、どのくらいの大きさのプレスリップが、来るべき大地震の震源のうちのどこで起きるかも分かっていない。つまり気象庁は、学問的にはあてにならないことに東海地震の予知を賭けているのである。

そして、この懸念どおりのことが起きている。最初は二〇〇三年に起きた十勝沖地震（マグニチュードは学説によって8・0〜8・3）だった。典型的な海溝型地震であるこの地震の前には、北海道や東北地方にあった歪計に、なんのプレスリップも観測されなかったのであった。

さらに追い討ちをかけたのが東北地方太平洋沖地震だった。マグニチュード9という超巨大地震でも、やはり、どの歪計にもプレスリップは記録されないまま、大地震が起きてしまったのである。

じつは元・地震防災対策観測強化地域判定会（判定会）の委員長だったある地震学者は、東海地震の地震予知の判定に「白か黒か」だけではなくて、灰色という判定を加えてくれ、と申し出たことがある。つまり学問的には地震予知があてにならないことを認めてほしかったのであろう。

しかし行政側の反応は、法律が動いている以上、判定会の役割は「白か黒か」を判断することだけだということで、その地震学者は委員長を辞任することになった。地震予知は科学者の手を、ある意味では離れてしまっているのである。

他方、マグニチュード7クラスの直下型地震の予知はそれ以上のお手上げである。たとえプレスリップが出るとしても、その規模や出る範囲はずっと狭いはずで、マグニチュード8クラスの海溝型地震のように予知できるとは気象庁も思っていないし、地震学者たちも考えていない。

またプレスリップ以外の前兆も同じ事情である。過去の地震で報告されていた前兆も、どれもあてにならないものだった。たとえば典型的な直下型地震であった安政江戸地震(一八五五年)のときは、地球の磁力が変わって、看板を止めていた鉄の釘が抜けて落ちたと伝えられている。しかし、地球の磁力がたとえゼロになったとしても、打ってある釘が抜けるほどの変化になるはずがない。

つまり、直下型地震については、地震予知ができるという根拠も、地震予知をする体制もないのである。

4　直下型地震にはとくに無力な緊急地震速報

気象庁は、二〇〇七年から「緊急地震速報」というものをはじめた。

これは地震予知ではない。大地震が起きてから計算し、これから地震の揺れが伝わっていく地域に、あと何秒でどのくらいの震度の揺れが行きますよ、と知らせる仕組みである。

原理は簡単なもので、全国に置いてある地震計のどこかで強い揺れを感じたら震源を計算し、まだ揺れが届いていない、震源から遠い場所に警報を送るというものだ。電線を情報が伝わる速さは秒速三〇万キロ、一方、地震の揺れが伝わっていく速さは秒速三〜八キロだから、その時間差を利用して知らせようというものだ。

遠くで雷が光ってから、しばらくして音が聞こえてくるのと同じ原理である。音が空気中を伝わる速さは毎秒三〇〇メートルあまりと遅いのだが、地震の揺れはもっとずっと早く来るので、雷ほど時間的余裕がない。

この緊急地震速報には、いろいろな問題がある。最大の問題は、地震波が音波よりもずっと速く揺れが伝わってきてしまうから、警報を聞いてから地震が来るまでに、ほとんど時間がないことだ。

たとえば恐れられている東海地震が起きたときに、横浜では一〇秒ほど、東京でも十数秒し

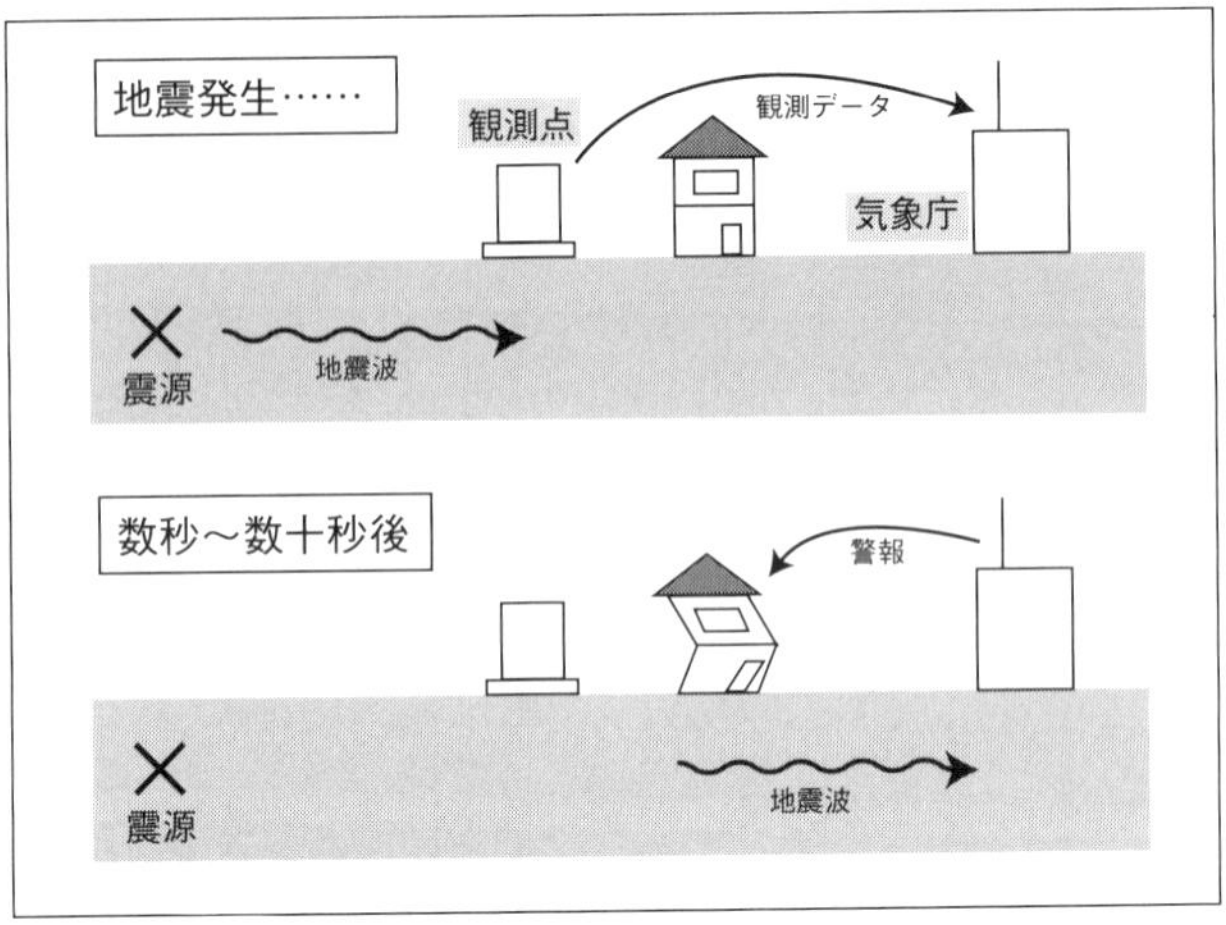

図 28：緊急地震速報の原理

かない。しかも、遠くなるほど地震の揺れも小さくなるから、もし二〇秒以上になるところで知らせてくれても、ほとんど意味がなくなってしまっているのだ。

気象庁では「この緊急地震速報を利用して列車やエレベーターをすばやく制御させて危険を回避したり、工場、オフィス、家庭などで避難行動をとることによって被害を軽減させたりすることが期待されます」と言っている。しかし、フルスピードで走っている新幹線はこの時間ではとうてい止まれない。工場でも大きな機械をこんなに短時間で止めることは不可能だ。手術中の病院でも、これだけの時間では手術を止めることはできないだろう。

一般の人にとっても　普通の日常生活から、わずか数秒とか十数秒という短い予告だけで非日常な行動に素早く、しかも適切に移れというのは、かなり無理なことなのである。

津波警報を出したが一〇センチの津波しか来なかった二〇一〇年の沖縄本島近海地震（29頁）のときには、緊急地震速報は地震検知から四・一秒後に発表された。実際の揺れまで那覇市で三〜五秒程度の猶予時間があったと気象庁は発表し、地震火山課の課長は「うまくいった方だ」と述べたという。お役所的にはそうかもしれない。しかしたった三〜五秒でなにができるのだろう。

そのうえ、緊急地震速報は誤動作して警報が出ることも、予報された揺れが来なかったという空振りも多い。

二〇一一年三月の東北地方太平洋沖地震のあとで「打率」は三分の一という統計もある。余震が頻発して、出した緊急地震速報のうち三分の二もが間違いだった。東北地方太平洋沖地震から一〇日間のあいだに速報は三六回出されたが、実際に震度5弱以上の揺れがあったのは一一回にすぎず、的中の確率は約三〇%だったのである。

また本質的な弱点がある。それは海溝型地震にも直下型地震にも、それぞれ対応しにくい仕組みになっているからである。

海溝型地震は海底で起きる地震であるために、震源から一番近い地震計である沿岸の地震計に揺れが到達して計算をはじめたときには、すでに広範囲に揺れが襲っていることが多い。東北地方太平洋沖地震のときもそうだった。人々が強いP波の揺れを感じてから、ようやく緊急地震速報が出たのである。

また直下型地震では、いちばん近い地震計が地上にあるために、震源にいちばん近い、震源の真上の地震計が地震を感じてから計算をはじめるものだから、震源近くでは緊急地震速報が間に合わない。

たとえば二〇〇八年に起きた岩手・宮城内陸地震（マグニチュード7・2）も、東北地方太平洋沖地震の翌日の早朝に起きて震度6強を記録した長野・新潟県境の地震（栄村地震）も、震源近くの揺れが大きかった肝心なところでは緊急地震速報が間にあわなかった。

これからも、直下型地震では、いちばん揺れが大きくて危険な地域には緊急地震速報は間に合わないに違いない。これは全国どこでも同じだから、どこで起きる直下型の地震でも緊急地震速報は間に合わない可能性が高い。

第7章　活断層はどのくらい警戒すべきだろうか

1　活断層のないところで起きる直下型地震

近頃は「活断層」という言葉がよく知られるようになった。活断層は学術用語だから、一昔前は一般の人は知らない言葉だった。クローズアップされたのは阪神・淡路大震災以後で、地震予知の看板を掲げたままでは一般の批判が高まることを怖れた政府の官僚たちが、「地震予知」の看板を下ろして、地震の確率評価と活断層調査を二本の柱にすえた「地震調査研究」という看板に掛け替えて以来である。

それまであった「地震予知」推進本部を廃止し、代わりに「地震調査」研究推進本部が立ち上がった。本部長は科学技術庁長官、本部員は関係省庁の事務次官という本部の構成は同じだった。

この「地震予知」外しは、地震予知計画に関与していた各省庁の附属研究所でも徹底して行われた。たとえば当時の科学技術庁傘下にあった国立研究所では「地震予知研究センター」だったものが「地震調査研究センター」になり、「直下型地震予知研究室」が「直下型地震調査研究室」になった。「海溝型地震予知研究室」が「海溝型地震調査研究室」になり「第一地震前兆解析研究室」も「高度震源解析研究室」になった。研究所の看板システムであった関東と東海地域一円の観測データを収集して処理するシステムが、「地震前兆解析システム」から「地殻活動解析システム」に替えられた。

つまり「地震予知」や「地震前兆」という言葉が一斉に消されてしまったのである。そして生まれたのが活断層調査と地震の確率評価だった。

地震は「地震断層」というものが起こす。しかし、まぎらわしいのだが、地震断層は「活断層」と同じものではない。

活断層が起こす地震は直下型地震として起きる。だが、「活断層」とは、過去に地震を繰返し起こした地震断層の一部が、「たまたま浅くて地表に見えているもの」のことだと定義されている。

それゆえ、地震断層がちょっとでも深ければ地表にはなにも見えないから、活断層だとは認定されない。また、日本のほとんどの都市部のように、その上に柔らかい泥や火山灰をかぶっているところでは、たとえ地震断層は浅くても、やはり活断層としては見ることができない。

つまり、ほかでは当然活断層として見えるはずのものが、こういった柔らかい土地では見えないということなのだ。

いずれにせよ、活断層が「見えない」ところには活断層は「ない」ことになってしまっている。だから関東地方も平地では「活断層がない」ことになっていて、周辺の山地や台地だけにしか活断層がないことになっている。

しかし首都圏は、過去たびたび直下型地震に襲われた。たとえば前に書いた安政江戸地震（一八五五年）は江戸川の河口付近を震源として発生したが、ここは基盤になっている岩の上に柔らかい堆積層が三〇〇〇〜四〇〇〇メートルもの厚さに載っているところだから、定義から言って、もちろん「活断層がない」ところなのだ。この例のように、「活断層がない」ところでも、活断層が起こすのと同じように直下型の大地震は起きる。

逆に言えば、内陸直下型地震には活断層が起こすもののほか、活断層がないところで起きるものも多い。

政府が活断層調査に力を入れだした阪神・淡路大震災以後に日本で起きた直下型地震は、あいにくなことに、すべて政府が活断層としてマークしていなかったところで起きた。

たとえば二〇〇〇年の鳥取県西部地震、二〇〇四年の新潟県中越地震、二〇〇五年の福岡県西方沖地震、二〇〇五年の首都圏を直下型地震として襲った千葉県北西部の地震、二〇〇七年の能登半島地震、二〇〇八年の岩手・宮城内陸地震だ。このどの地震も、活断層がないとされたところで起きてしまった地震である。

このうち岩手・宮城内陸地震は、震源近くに断層があったが、この断層は一〇〇〇万年近く活動していない、つまり活断層ではないと考えられ政府の調査対象外だった。地震後に政府の地震調査委員会は「調べたら断層の一部が活断層だった」と発表したが、活断層かどうかの認定は、この程度あてにならないものなのである。

二〇〇七年に東京電力柏崎刈羽原子力発電所に大被害をおよぼし、いまだに再開のめどが立っていない被害を与えた新潟県中越沖地震も、活断層とのかかわりがはっきりしていない。

阪神・淡路大震災で活断層が脚光を浴びた。それは地震直後の報道で神戸に活断層があったと報じられたからだ。だが、それは間違いで、地震の結果としてのたんなる地割れだった。この震災を起こした兵庫県南部地震は、淡路島の一部にだけは活断層が見られたのだが、淡路島から神戸市を超えて西宮市あたりまでおよんでいた震源のほとんどでは活断層は見つからなかった。

阪神・淡路大震災以後、政府の地震調査研究推進本部は「地震予知」という看板を下ろして、活断層の調査に力を入れている。けれども、活断層だけを調べて注意していれば、日本に起きる将来の地震に備えることができるものではないという肝心かなめのことは広報していない。

日本の陸上には、分かっているだけでも二〇〇〇もの活断層がある。これは海底にあって見つかっていない活断層は含んでいないし、これから研究が進めばもっと増える可能性がある。

しかし政府が調査しているのは、この二〇〇〇のうち「都市部に近く、地震が起きたときの影響が大きいと予想される」活断層、約一〇〇個だけなのである。つまり、あとの約一九〇〇個は手つかずなのだ。

書いてきたように、活断層だけを注意していても、次の地震の用心にはならない。日本に起きる内陸直下型地震はマークされている活断層ではないところで起きるものが多い。政府が選んで調査している約一〇〇の活断層で直下型地震が起きる可能性は、むしろ低いというべきなのである。

そもそも、この選定にも疑問がある。「都市部に近く」なくても「地震が起きたときの影響が大きいと予想される」場所は数多くあるからだ。たとえば原子力発電所付近や新幹線の通過場所などは、政府に選ばれてはいない。

政府が阪神・淡路大震災のあとで、地震予知のかわりに力を入れだした活断層も、こんなにいろいろの問題があるのだ。

2　活断層の調べ方

活断層は過去に地震を繰り返し起こした地震断層である。活断層では、ずっと昔から同じような力がかかり続けているので、同じような大きさの地震が、エネルギーがたまるたびに繰り

図 29：活断層のトレンチ法調査。北伊豆地震の地震断層で＝島村英紀撮影

返していると考えられている。

活断層を調べる手法には三段階ある。航空写真、実地踏査、それにトレンチ法である。

第一段階は航空写真を見て活断層らしい地形を見つける。過去に地震が繰り返してきた累積によって川筋や山筋が、ときには何百メートルも食い違っていることがあり、この食い違いから活断層らしい地形を見つけるのである。

第二段階は、現地に行って地形や地質を調べる。そしてさらに第三段階として、活断層らしいものを掘り下げて調べることによって、はじめて活断層だと断定できるのである。

地面を掘り下げて調べる方法を「トレンチ法」という。もともとは米国で始まった手法である。トレンチとは軍隊が掘る細長い塹壕《ざんごう》のことで、活断層に沿って細長い矩形の穴を掘り下げるので、こう名づけられた方法だ。実際にはその土地を借りて、土木機械を使って掘り下げる。手間もお金もかかる手法である。

地震で食い違った当時の土地の表面の上に、その後の堆積物や火山灰が次々に載っていった歴史を、断層を掘り下げて断面を見ることによって調べる。先代の地震だけではなくて、先々代以前の何回もの地震の繰り返しが分かることもある。そしてそのそれぞれの地層から時代を知ることが出来る「地質学的な時計」が読み取れれば、地震の繰り返しの歴史がわかる。

地質学的な時計には、噴火した歴史が分かっている火山からの火山灰や、地層に含まれている木片のなかにある炭素の同位元素などが使われる。こうしてそれぞれの地層がどのくらい古いものかを調べれば、過去の地震の繰り返しの歴史がわかるというわけなのである。

このような三段階で活断層調査が行われている。しかし、この三段階目はもちろん、二段階目でも結構なお金がかかるので、いわゆる活断層地図では、第一段階だけで見つけた活断層が載っていることが多い。

けれども、三段階までくわしく調べてみると、かつては活断層地形にちがいないと思われていた富山市内を走っている呉羽山《くれはやま》断層のように、じつは活断層ではなく、ほんものの活断層は二キロも別のところにあったこともある。つまり、活断層地図はそれほどあてになるものではないのである。

ところで直下型地震は陸だけではなく海底でも起きる。たとえば、福岡県西方沖地震（二〇〇五年）、能登半島地震（二〇〇七年）、新潟県中越沖地震（二〇〇七年）も、海底下に震源がある直下型地震だった。

しかし海底に活断層があったとしても、陸上の活断層のように精密に調べることは不可能なのだ。陸上でいえば、第一段階に当たる音波探査という手法だけが行われている。これは解像力も悪く、断層がどうかも判断がつきにくく、たとえ断層があったとしても詳細はわからない。海底では第二段階の実地踏査はもちろん、第三段階の掘ってみることも不可能なのだ。

こういったことから、海底では活断層がよくわかっていない。また、活断層とされているものも少なく、先に挙げた三つの地震とも、すでに分かっている近くの活断層とは関係のない地震だった。

新潟県中越沖地震のあとで、あわてて海底の活断層調査をやっているが、これは陸上の調査よりは、ずっとあてにならないものなのだ。

3　活断層を調べると将来の地震がわかるのだろうか

活断層で起きる地震のような直下型地震は、海溝型地震とちがって、繰り返しの間隔がはるかに長い。地震が起きる間隔は、活断層としてはごく短いものでも数百年であり、長いものでは数十万年以上のものさえ珍しくはない。

理屈からいえば、特定の活断層をトレンチ法で調べてみて、過去何回かの地震の繰り返しが分かり、さらにいちばん最近の地震がいつ起きていたかが分かれば、次の地震の「予知」がで

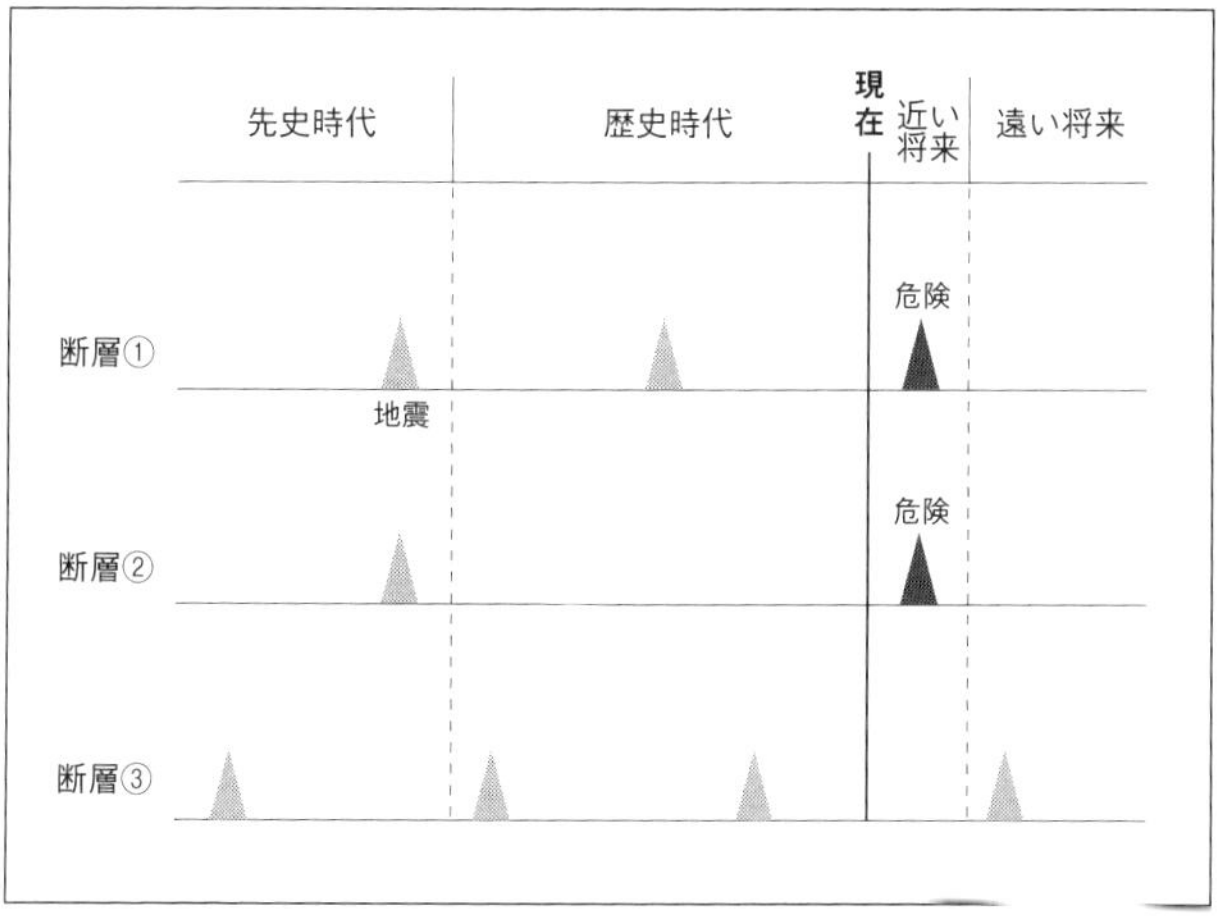

図30：活断層での地震の繰り返しと将来の危険度

きそうに思える。

しかし実際はそう簡単ではない。まず問題なのは、次に地震が来るまでの時間の予測があまりにもあてにならないことだ。

いちばん危険とされている活断層の例で見てみよう。一〇〇〇年に一度ずつ大地震を起こす活断層があったとしよう。これは活断層の中でももっとも間隔が短い、つまり活断層の活動度が高くて地震危険度が高いとされている活断層である。たとえば北伊豆地震（一九三〇年、76頁）を起こした活断層がこの仲間だ。

そこでトレンチ法の調査をしてみて、その活断層では前の地震から九九〇年経っていることが分かったとしよう。しかし、次の地震が算数の引き算のように、一〇〇〇年引く九九〇年で一〇年後に次の地震が起きるというわけではない。

それは、第一に地震エネルギーが秤で計ったように正確にたまっていくものではないからだ。また第二に

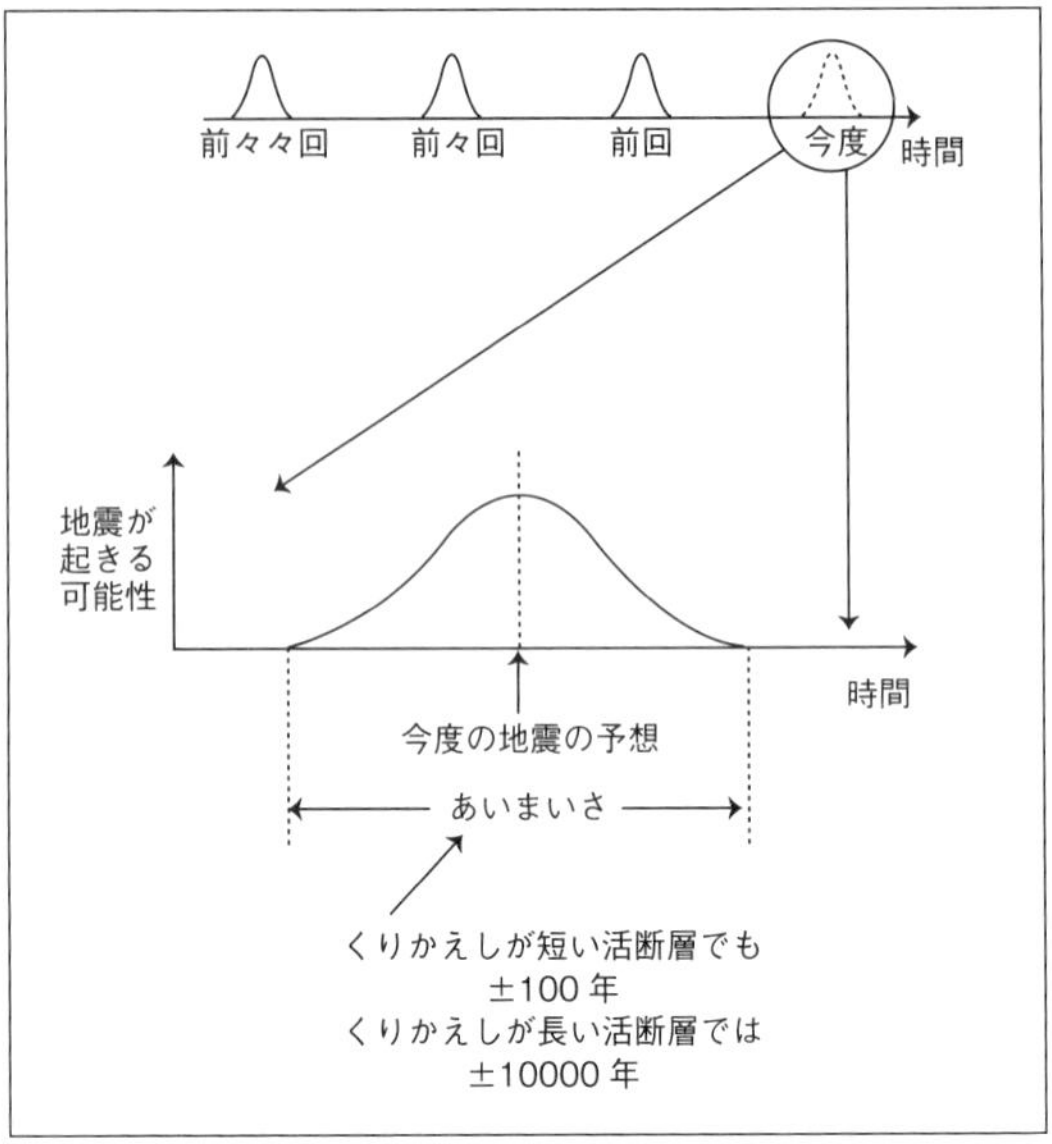

図 31：活断層で地震が起きる確率

は「地震を起こす我慢の限界」のほうも、決して一定ではないからなのだ。

それゆえ、次の地震は来年起きるかも知れないし、あるいは一二〇年先に起きるかも知れない程度の曖昧さがある。これでは地震予知としてはあまりにも曖昧すぎる。次の地震に備えようもない。

これが、もっと活動度が低い活断層、たとえば一〇万年に一度ずつ大地震を起こしている活断層だと、はるかにあいまいさが大きくなる。次に起きるかも知れない時期が、千年単位であいまいになってしまうのだ。つまり次の地震が五年先なのか七〇〇〇年先なのか分からないことになってしまう。

困ったことには「活断層としての活動度」が低いからといって起きる地震が小さ

いわけではない。たまに起きる地震、たとえば歴史にも書き残されておらず、それゆえ誰も知らなかった一二万年前に起きていた地震が、じつは今度起きたら大地震だったということも珍しくないのだ。一〇万人という犠牲者を生んだ中国の四川大地震（二〇〇八年。マグニチュード7・9）を起こしたかもしれないといわれている竜門山断層は、六五〇〇万年も前からずっと地震を起こしていなかった活断層だったのである。

つまり、もしあなたの家のすぐ近くに活断層があっても、そう心配することはない。これから何十年も、あるいは何万年も、地震が起きない可能性が高いからである。

しかし、個人の住宅ではなくて、それが原子力発電所のようなものだったら話は別だ。なにかが起きれば何十年から何万年という長い将来に悪影響を及ぼす原子力発電所のようなものは、たとえ確率が低い活断層でも十分に注意する必要があるだろう。

いや、活断層がないとされているところで直下型地震が頻発している日本では、原子力発電所のような、なにかあったら取り返しがつかないものを作っていいものかどうか、十分に考えるべきであろう。

4　活断層が「見えるのは周辺部だけ」の首都圏

首都圏を襲う地震には関東地震（一九二三年）のような海溝型地震も、直下型地震もある。

このうちやっかいなのは、直下型地震である。

柔らかい堆積層に覆われている関東平野では、活断層の定義から言えば変な言い方だが、たとえ活断層があっても見えないし、それゆえ活断層を調査して過去の地震の歴史を調べるわけにはいかない。

首都圏で活断層が見えるのは、厚い堆積層に覆われていない周辺部だけだ。このため、これら周辺部の活断層だけが危ないように思われることもあるが、そんなことはない、中央部でも、直下型地震の危険は大きいのである。

その、周辺部で見えている活断層のなかでは、立川断層がよく知られている。この立川断層は、埼玉県南部から東京都西部まで北西—南東方向に延びている長さ三三キロほどの活断層である。具体的には埼玉県旧入間郡名栗村（現飯能市）から東京都青梅市、立川市を経て府中市に至っている。名栗断層と立川断層の二つに分けて、それらを合わせて立川断層帯と呼ばれることもある。

この立川断層が知られるようになったのは、政府の地震調査委員会が二〇〇九年、全国での要警戒七活断層のひとつにしたからだ。選んだ基準は、周辺人口が多い人口密集地にあり、マグニチュード7程度の地震を起こす可能性があるからだという。

この立川断層も、もし地震を起こせばマグニチュード7・4程度になり、その地震で震度6弱以上の揺れがある範囲に住む人口は一三〇〇万人にのぼるとされている。

しかし、この立川断層で知られている最後の活動時期は約二万年～約一万三〇〇〇年前の間と曖昧で、平均活動間隔は一万～一万五〇〇〇年程度であった可能性がある、という程度しかわかっていない。

いつ次の地震が起きるかは、さらに曖昧である。政府によれば、今後三〇年間での発生確率は〇・五～二％、五〇年間で四％程度という。政府は二〇一二年度からこの断層のトレンチ法などの調査を行うことにしているが、ほかの活断層の調査と同じく、はっきりした成果が出る見込みは少ない。

ここに限らず、それぞれの活断層が将来地震を起こす確率は、このようにごく低いものだ。三〇年間、つまり一世代が交代するまでにたった二％というのでは、一般人にとってはほとんど無意味な数字なのである

たとえば琵琶湖西岸断層というものがあり、そこでは今後三〇〇年間に地震が起きる確率は二％から六〇％と発表されている。日本語の常識的な言葉遣いからいえば、これは三〇〇年たっても起きるか起きないかどちらとも言えない、ということなのではないだろうか。

この立川断層のほかにも、首都圏でいくつかの活断層が知られているが、それぞれの断層で知られている将来の地震についての情報は似たようなものだ。どれも、あてになるものではない。

首都圏の地震としては、このように活断層「がらみ」の地震はほとんど知られていない。し

かし直下型地震として多くの地震が起きて被害を繰り返してきた。

これら直下型地震は、活断層ならばトレンチ法などで掘ってみれば分かることもあるが、活断層がなければ、前に起きた歴史もわからず、再来期間もわかっていない。つまり、将来いつ起きても不思議ではないのが、関東地方の直下に起きる直下型地震なのである。

そして、この本で書いてきたように、直下型地震は、たとえマグニチュードが小さくても、襲う場所によっては大被害を生むことがあるのだ。

そのうえ、その直下型地震は、どこを中心にして起きるのかもわからない。安政江戸地震や明治東京地震は、いまの東京都の東部で起きた。当時から人口が集中していたところだ。しかしもちろん、ここだけが将来、内陸直下型地震が起きる場所ではない。

5　活断層の長さから地震のマグニチュードを見積もる「まやかし」

東日本大震災で福島第一原子力発電所が大事故を起こすまでは、日本中のどの原子力発電所も地震に耐えるように設計されているから大地震が来ても大丈夫だ、というのが政府や電力会社の説明だった。

原子力発電所を作るときの設計基準（発電用原子炉施設に関する耐震設計審査指針）は、一九七八年に作られたものだ。一九八一年に一部改訂されたが、ほとんどの部分は現在まで変わっていない。また、阪神・淡路大震災後の一九九五年に当時の通産省（いまの経済産業省）は「原子力発電所の耐震安全性」という文書を作り、原子力発電所は建設から運転まで十分な地震対策が施されていると発表していた。

しかし、地震学者として私は心配していた。「指針」が発表されたのは東海地震が起きると言われ始めたよりも前だし、その後の三〇年間の地震学の進歩は著しいものだったが、その成果はこの指針に取り入れられていないからである。じつは福島第一原子力発電所が造られ始めた当初は、福島県の太平洋岸沖にある日本海溝を舞台にして巨大な海溝型地震が繰り返して起きるということさえ知られていなかったのだ。

この「指針」では、原子力発電所が耐えるべき「設計用限界地震」というものを想定している。全国すべての原子力発電所で同じ限界地震を想定している。

想定しているのは原子力発電所の近くで起きるマグニチュード6・5の地震だ。これは、活断層のないところを選んで建設するからこの大きさの地震以下でいいはずだ、という理由からである。

原子力発電所の設計の基準では、近くにある活断層を調べて、その活断層が起こす最大の地震を想定し、それに耐えるようにしている。建設地の近くにある活断層の長さを見積もり、その長さから「松田の計算式」というものを使って、将来起こりうる地震のマグニチュードを計算し、6・5におさまるかを確認しているのである。

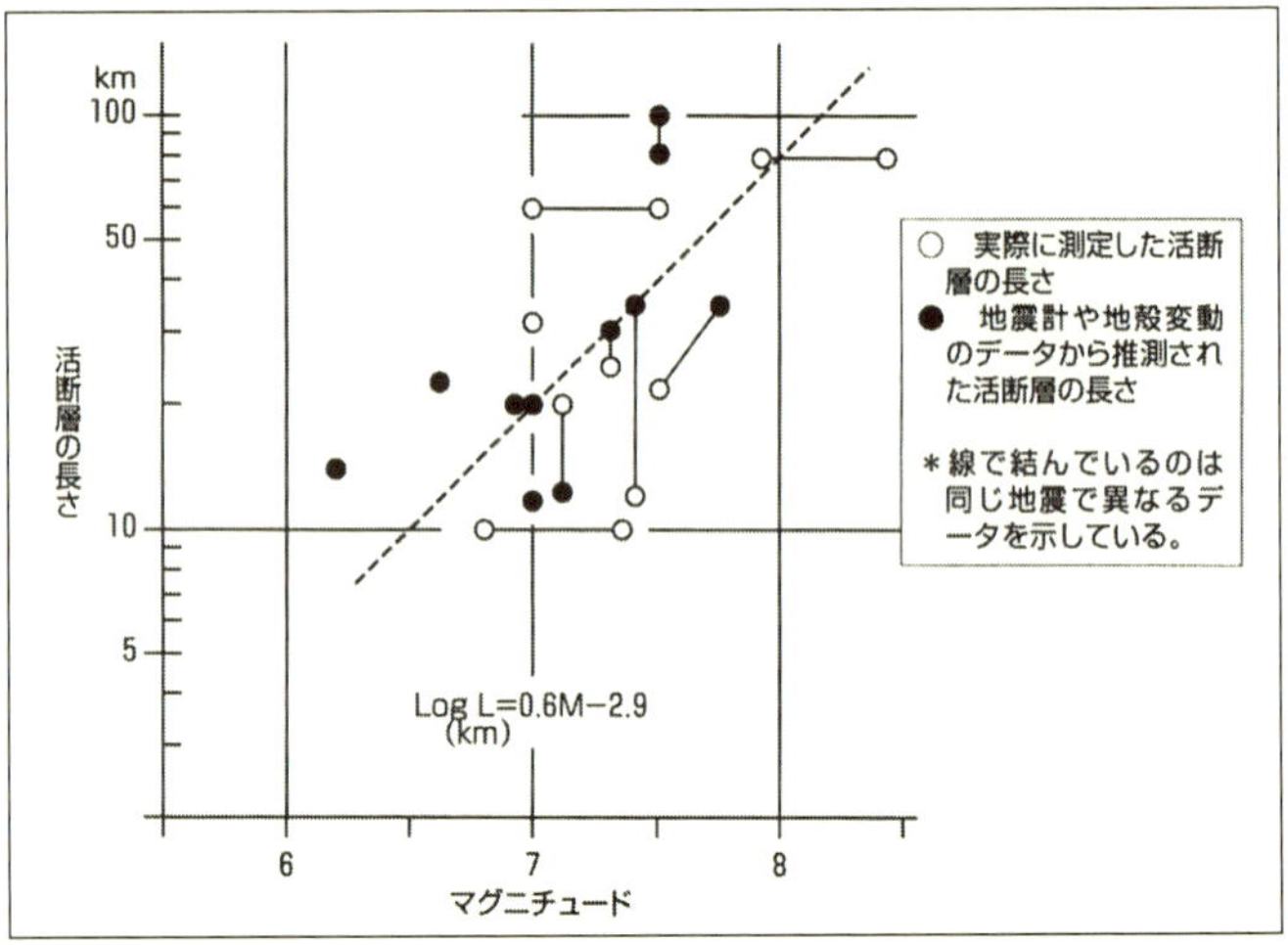

図 32：松田時彦による活断層の長さと起こる地震のマグニチュードの図

しかし、この活断層の長さから地震のマグニチュードを求める式には大きな疑問がある。あまりにも曖昧さが大きくて、実際に起きうる地震のマグニチュードよりも、ずっと小さなマグニチュードが計算されてしまっているのだ。

図のように、過去に活断層が起こした地震のマグニチュードと、それぞれの活断層の長さについての研究がある。横軸にマグニチュード、縦軸に活断層の長さをとって図に書くと、雲のようにぼんやりした形ながら、右上がりの傾向が読みとれる。最小自乗法のようなデータ処理の手法でこの雲全体にいちばん当てはまる右上がりの直線を描いて、それが「マグニチュードと活断層の長さの関係」の式とされているのだ。

しかし問題はその先にある。いったんこの式が出来てしまえば、活断層の長さが分かれば、その長さからマグニチュードが計算出来てしまうことになる。

その計算されたマグニチュードは、図でいえば雲の中をたまたま計算上通した一本の線の上の値にしかすぎない。つまり、それから左にも右にも異なったマグニチュードの地震が、過去に「実際に」起きていたのだ。

だから、この式で計算したマグニチュードよりも小さな地震も起きることがあり、ずっと大きな地震が起きる可能性も十分にあり得る。長さ何キロの活断層があるからマグニチュードがどのくらいの地震しか起きないとは、地震学からは言えないのが真実なのだ。

じつはもうひとつの問題がある。一般的には、活断層が長いほど大きな地震を起こす。ところが実際の活断層は途切れたり、曖昧になったり、枝分かれしたりしながら延々と続いていることが多い。いや、こういった複雑な活断層のほうがむしろ普通なのだ。

問題はその活断層のうち、どれだけの長さの部分が関与して地震を起こすかという判断が、学者によって大幅に違うことだ。

それぞれの原子力発電所が建設時に想定していた活断層の長さというのは、どの学者も異論がない定説ではない。だから活断層がらみの地震が起きたとしても、原子力発電所の設計時に想定していた地震よりずっと大きな地震が起きる可能性が十分に残っている。

たとえば、比較的最近、島根原子力発電所のすぐ近くで長さ八キロある活断層が新たに確認された。設計時には見つかっていなかった長い活断層である。

中国電力や政府は「もしこの活断層が地震を起こしてもそのマグニチュードは6・3だ」と

して安全宣言を出した。ところがすぐ近くでは、同じ長さ八キロの別の活断層があるところでマグニチュード7・2の鳥取地震（103頁）が起きている。「6・3」とは6・5という設計値以内に収めるための説明用の言い訳なのである。

このように無理をした安全宣言を作っても、そもそも「原子力発電所の近くでマグニチュード6・5までの地震しか起きない」という前提が怪しくなってしまっているのだ。

一九九五年の阪神・淡路大震災（兵庫県南部地震）や二〇〇〇年の鳥取県西部地震で明らかになったように、活断層がないところでマグニチュード7を超える地震が直下型として起きてしまった。活断層が見えていないところでも、マグニチュード6・5を超える地震が日本のどこを襲っても不思議ではないのである。

第8章 震災を押さえ込むのは人類の知恵

1 地震に対する備えは、地震より遅れて地震を追いかけてきた

人類の歴史で、あいにくと災害に対する備えは、いつも災害のあとを追いかけてきた。台風、水害、風害、地震などどれも同じだった。つまり文明が発達するたびに、新しい災害が生まれてきたのであった。

地震の歴史も例外ではなかった。地震に対する備えがいつも地震より遅れて、地震を追いかけてきた歴史でもあった。

たとえば新潟地震（一九六四年）では「液状化」で信濃川の河原に建てた五階建ての県営アパートが仰向けに倒れてしまった。液状化の被害というものが一般の人の目に焼き付けられた被害だった。

また宮城県沖地震（一九七八年）では、「都市型の被害」をはじめて生み、マンションで玄関の鉄のドアが開かなくなったほか、ガスや水がストップした都市生活がどんなに大変なものか、人々は初めて思い知らされた。またビルの窓ガラスが割れて、雨のように下の道へ降った。ブロック塀や門柱の倒壊による死者が死者の半分以上もあった。どれも新顔の地震被害であった。

そのうえ、この地震で全壊した家の九九％までが、明治時代までは人が住んでいなかった、つまり昔の人が住むのを避けていた軟弱な土地や、斜面を切り開いたり盛り土をした宅地造成地に建っていた家だった。新しい家が建っていた新開地に被害が集中したのが明らかになったのは、この地震がはじめてだった。

じつはこの宮城県沖地震と瓜二つの地震がその四〇年あまり前の一九三六年に起きていた。震源もほぼ同じ、マグニチュードもほとんど同じ7・5。しかしこの地震による被害は、宮城県で死者はなく、負傷者は四名、住宅の全壊はなく半壊が二だった。これに対して一九七八年の地震では、死者二八名、負傷者一三〇〇名以上にも及んでしまった。

二〇〇三年十勝沖地震では、北海道苫小牧市にある大型石油タンクが燃え尽きるまで燃え続けた。その原因は「長周期表面波」によるスロッシング（液体の共鳴）でタンクの蓋が破損したためだった。

そして東日本大震災では、東京電力の福島第一原子力発電所が地震と津波の被害を受けて、

「原発震災」という、いままでに世界のどこにも起きたことがない災害が起きてしまった。この災害の終わりは、まだまだ見えない。

また、この地震で停止したままになっている東北電力の女川原子力発電所をはじめ、震源に近かった多くの原子力発電所の内部がどんな被害を受けているのかは、まだ公表されていない。地震による原子力発電所の災害としては、二〇〇七年の中越沖地震で黒煙を上げて停止したままの東京電力柏崎刈羽原子力発電所も、修理して再開できるのかどうか、いまだにめどが立たないままだ。

2 地震は自然現象、震災は社会現象

自然現象としての「地震」と、社会現象としての「震災」、あるいは「地震災害」とは別のものである。同じ大きさの「地震」でも、それがどこを襲うかで「地震災害」の大きさが決まる。

たとえ、日本周辺に毎年のように起きるマグニチュード7クラスの地震でも、人口密集地を襲えば、阪神・淡路大震災のような大災害を引きおこす可能性が高い。地震がどのくらいの「震災」になってしまうかは、地震がどこを襲うかということできまるのだ。

地震にしても火山噴火にしても、また大雨による洪水にしても、人類が地球に住み着く前か

らくり返し起きてきた現象だ。いわば、地球にとってはありふれた現象なのである。

地球にとっては同じありふれた現象が続いていたのに、人類の登場以来、「災害」が起きるようになってしまった。たまたま人間が住んでそこに文明を作っていなければ災害は起きない。つまり災害とは、自然に起きる現象と人間社会との接点で、ふたつが複合されてはじめて起きる「事件」なのである。

地震や火山噴火といった自然災害は、人類史上たびたび大被害をもたらしてきた。その意味では地震も火山も、私たち人類にとっては疫病神には違いない。もし地球から地震も噴火もなくなれば、地球ははるかに平和になると思う人も多いだろう。

しかし、地球科学者である私の考えは少し違う。地球は、火星のように冷え切って死んでしまった星ではない。表面こそある程度冷えて、私たちが住める程度の温度になってはいるが、地球の中では熔けた岩がまだのたうちまわっている「生きた」星なのだ。

地震や火山の噴火は、地球という星が進化の途上で起こしているダイナミックな事件である。地震や火山は災害を起こす疫病神だが、同時に、地震や噴火は地球の「息吹き」で、生きて動いているという証しでもあるのだ。地球の内部には巨大な熱源があり、それがプレートを動かす原動力になっている。そしてそのプレートの動きが地震を起こしたり、マグマをつくって噴火を起こしているのである。

私たち人類は、自然災害をこうむっている一方で、地球が生きて動いていることの大きな恩恵も受けていることを忘れるわけにはいかない。そもそも日本列島が出来たのも、その恩恵のひとつなのだ。また私たちが山河の風景をめでたり、登山を楽しんだり、温泉でくつろぐことが出来るのも、地球が生きて動いているからなのである。

そして、日本列島が出来たことと地震や噴火とは、地球という星にある同じメカニズムと同じエネルギーの源泉からきている。災害と恩恵とは、地球が生きて動いていることの裏と表になっているのだ。

いままで書いてきたように、文明が発達するたびに新しい災害が生まれてきている。地震の被害も文明とともに「進化」してきているともいえる。地震にかぎらず、新しく作られた文明は、昔のものよりは災害に弱いことが多いのだ。

いずれまた、大地震が日本を襲うことは避けられない。日本に起きる地震は、日本人や先住民族が日本に住み着くはるか前から繰り返してきている。次に首都圏などを襲う直下型地震のときには、地震への備えが地震に追いついていたのかどうか、日本人の知恵が試されているのである。

3　自分たちの身は自分たちで守る

阪神・淡路大震災のときの医師による遺体検案では、死者のほとんどが地震後一〇分間以内の圧死だった。つまり、いったん大地震が起きて家が潰れてしまったら、国際救助隊が来ようが自衛隊が来ようが、救える人命はごく限られてしまうのである。

消防庁の統計によれば、阪神・淡路大震災のときには倒壊した建物から救出された人の九五％は、家族や近くに住んでいる人たちによって助け出された。なお、これには一部自力で脱出した人も含まれる。これに対して、専門の救助隊に助けられたのはわずか一・七％、つまり六〇分の一にすぎなかったのだ。

震災のときは、救助隊が来るまでは想像以上に時間がかかる。警察や消防はすぐには頼れないものだと思ったほうがいい。とくに最初のうちは住民同士で互いに助け合うことが大事なのだ。

そして大切なことは、普段からいい近所づきあいをしておくことなのである。どの家にどんな人が住んでいるのか、どの時間帯には誰が家の中にいるはずか、それを周囲の人が知っていることは、最初の救助にはとても大事なのである。

これにかぎらず、ふだんから大地震のことを考えたり用意したりしておくことによって、実際に地震に遭ったときにずいぶん対応が違ってくるものなのだ。

自分たちの身は自分たちで守る。まずこの意識を持つことが、地震国・日本に住む私たちができる、地震に対する基本となる備えなのである。

あとがき

この本に書いたように、地震は弱者を選択的に襲ってきた。弱者とは、古くて弱い家に住み続けなければならない人たちや、高齢者や障がい者である。

阪神・淡路大震災のときに神戸大学では三九名の学生が亡くなった。そのうち三七名が下宿生だった。これは神戸大学が特別に下宿生の割合が高かったのではなくて、下宿生が、古くて弱い住宅に住まわされていたからなのである。

住宅密集地である首都圏をはじめ、各地にはまだ古い家に住み続けなければならない人たちも多い。これから襲ってくる地震で、また弱者が痛めつけられる構図が繰り返されることを心配している。

そして、日本を襲う二つの地震のタイプのうちの片方、直下型地震のときの局地的な地震の揺れは、もうひとつの地震のタイプ、海溝型地震よりも大きいことが多い。

このため、阪神・淡路大震災で明らかになったように、もし次の直下型地震が住宅が密集している都会を襲ったら、また大震災が繰り返される、あるいはもっと巨大な震災が起きるという可能性が高いのである。

山地が多い日本では、わずかな平地に人々が集まって都会や町を作っているのが普通だ。しかしこれらの平地は、どれも地震に弱い「わけあり」な土地なのである。

しかも、以前は人々が住んでいなかった、あるいは住むのを避けていたところにも、住宅が拡がっている。谷を埋めたり傾斜地を削って作った宅地造成地、かつての海や沼や砂州を埋め立てた土地、川や海よりも低い低地帯……。都会や町は、前よりも一層、地震に弱くなっているのである。

ここで、「まえがき」の最後を繰り返さなければならない。今度襲って来る大地震のときに、それが大きな震災を生まないですむような備えが出来るかどうか、そこに人間の知恵が試されているのである。

この本は昨年『巨大地震はなぜ起きる　これだけは知っておこう』を出してくださった花伝社の平田勝社長からのお薦めで世に出ることになった。また具体的な編集作業は同社の佐藤恭介さんが手際よくやってくださった。このお二人がなければ、この本が生まれることはなかった。深く感謝したい。

付録

地震予知の語り部・今村明恒の悲劇

1　前書き

東大助教授で地震学者だった今村明恒（いまむらあきつね、一八七〇～一九四八）は当時としては珍しく、地震予知に情熱を燃やした学者だった。当時の学界では、地震予知は星占いのようなあてにならないものと考えられていた。

今村は関東地震（一九二三年。マグニチュード7・9）や東南海地震（一九四四年、マグニチュード7・9）がいずれ襲って来ることを予想して、為政者や人々に防災の準備を説いた。また地震予知の基礎になる観測網を展開することにも熱心だった。そのために私財も投げうった。

しかし、いずれ大地震が来るという彼の警告には「世を騒がせるだけだ」という批判が巻き起こった。なかでも彼の直接の上司であった教授大森房吉（一八六八～一九二三）は批判の急先鋒であった。大森は、確たる証拠がない以上は無用な混乱を避けるべきだという、日本を代表する地震学者として、世間に対する責任感に突き動かされていたのだった。

図１：今村明恒。『科学知識・震災号』、科学知識普及会、1923 年から

二人はことごとに衝突し、確執は深まった。「今村が予言していた関東地震は起きない」と公言していた大

図２：今村が作った「今村式三成分簡単地動計」（いまでいう地震計のこと）。『科学知識・震災号』、科学知識普及会、1923年から

森は、実際に関東地震が起きて死者が一〇万人を超える大被害を生んだときは、たまたま学会でオーストラリアに行っていた。地震の報を受けて急遽帰国中に倒れ「今度の震災については自分は重大な責任を感じている。譴責されても仕方がない」という言葉を残して、ほどなく亡くなった。

現代の科学知識からいえば、二つの大地震を結果として予知した今村も、地震が起きないとした大森も、どちらも科学的な根拠やデータを持っていたとは言えない。ここでは、この今村明恒の当時の著作や、大森など周囲の反応を読み解きながら、当時の地震予知の実情と、地震学者が鳴らした警鐘の意味を探る。

これは現代にも通じる、科学者と社会との関わりの問題を含んでいる。

2　地震学と社会

2―1　社会に近い学問、遠い学問

自然科学には、さまざまな種類がある。いろいろな分類の仕方があるが「一般人や社会に重大な関係があるもの」と「世間とはなんの関係もないもの」という分類もあろう。後者にはたとえば数学や天文学のうちの大部分がある。一方前者には、ガンの医学や地震学がある。

しかし世間や社会になんの関係もないと思って研究していたものが、突如脚光を浴びて「役に立つ」

こともある。素粒子物理学という、それまではなんの役にも立たないと思われていた基礎的な物理学が生んだ原子爆弾はその例である。

じつは地震学はそれほど古い学問ではない。明治時代に、お雇い外国人科学者が日本に来て生まれて初めての地震に遭って驚き、それがきっかけになって誕生したのが世界でも初めての地震学だった。地震計も、彼らが日本で作ったものが世界初の地震計である。日本には地震もその被害も多いゆえ「研究の材料」には事欠かないので、その後、地震学は日本で大きく発達した。

地震学は将来どこに、いつ地震が起きるという地震予知ができればもちろん、それ以外でも地震被害を調べたり予測したりすることによって防災科学として社会に貢献することができる。このため、現在に至るまで地震学は、社会から期待される学問であると同時に、社会に大きな影響を与える学問でもある。

2―2 今村明恒が生きた時代

今村明恒は一八七〇（明治三）年、薩摩藩士今村明清の三男として、鹿児島県鹿児島市に生まれた。一八九一年、二一歳のときに、帝国大学（註1）理科大学物理学科に進学、一八九四年に大学院に進学して、発足間もない地震学講座で研究を始めた。その後、無給の講座職員として勤める傍ら、一八九六年から陸軍教授として陸地測量部で数学を教えて生計を立てていた。

今村が勤めていた地震学講座は大森房吉が教授として采配を振るっていた。大森は三年間の欧州留学後一八九六年に教授になった。大森は今村より二歳年上だった。

ところで、この頃は大地震がたびたび日本を襲って、人々が不安や恐怖を感じ、地震への関心がとくに高まっていた時代だった。

一八九一（明治二四）年一〇月二八日には日本の内陸で起きた最大の地震である濃尾地震があった。岐阜県と愛知県を中心に死者七二七三名、全壊建物一四万棟という大被害を生んでいた。

また首都圏でも一八九四（明治二七）年六月二〇日に直下型の地震である明治東京地震が起きた。東京で二四人、横浜と川崎で七人の死者が出るなど、東京の下町と横浜市や川崎市を中心にかなりの被害が出た。この地震では煉瓦建造物の被害が多く、とくに煙突の損壊が目立ったため「煙突地震」とも言われた。

一方で、地震観測はまだ貧弱だった。現在は日本全国で一〇〇〇点を超える地震観測点があるが、当時は年々増やされてはいっていたが、それでも一九二三年の関東地震直前でも国内と当時日本領だった台湾や朝鮮半島などをあわせても八〇カ所あまりしかなかった。

この多くは中央気象台（現在の気象庁。註2）のものだったが、大学でも東京、京都、東北の各帝国大学が地震観測所を持っていた。ちなみに当時世界にあった地震観測所は約一七〇カ所だった。日本は地震観測大国だったのである。

3　今村明恒の警告と社会の反応

3―1　雑誌『太陽』への寄稿と『東京二六新聞』の扇動

人々が地震への不安を募らせていた一方、中央気象台の地震観測はまだ不備で職員に科学者も少なかったので、大学の地震の先生の言動は大きな影響力があった。

今村明恒は地震を専攻していた科学者として、研究の成果を世の中に理解してもらい、震災の軽減を図ることに熱心であった。社会との関連や社会への影響が強い学問を研究している科学者としての社会的な使命だと考えていたのであろう。

今村が一般向けの雑誌『太陽』の一九〇五（明治三八）年九月号に「市街地における地震の損害を軽減する簡法」という論説を発表したのは、一万人の死者を出したといわれる安政江戸地震（一八五五年）のちょうど五〇年後の一九〇五年だった。

その論説は、都市の地震災害、なかでも火災の危険を警告し「安政江戸地震から五〇年を経た。次の大地震までには多少時間があるだろうが、江戸に大被害をもたらした一六四九（慶安二）年の地震の五四年後に一七〇三（元禄一六）年の元禄地震が発生した例もあることだから、災害予防のことは一日も猶予出来ない」と述べたものだった。

今村の論説は、当初は冷静に受け止められた。しかし約四ヶ月後の翌一九〇六（明治三九）年一月一六日に『東京二六新聞』が「今村博士の大地震襲来説、東京市大罹災の予言」とセンセーショナルに取り上げてから大きな騒ぎになった。

その記事は次の文章で始まっている。「年の丙午、凶か吉か、あるいは言い伝えられているよう丙午の年には火災が多い。現に今年は新年以来各所で火災が発生、閑院宮邸も焼けたのを見よ。あるいは丙午の年には天災が多いとも言われる。現に新年以降二回の強震があり、大森海岸には津波さえあったのを見よ」そして今村が東京大地震の襲来を予言した、とある。

この新聞記事に扇動された大衆は恐慌を起こし、大きな騒ぎになった。

3―2　人々のパニック

しかし今村の真意は、将来いつ来るか分からない大地震、なかでも火災の被害に備えよ、ということだった。地震が来ることを予言するのではなく、防災に力点が置かれていたのである。

雑誌『太陽』の今村の論説は三部分に分かれていた。前段は「東京大地震の沿革と地震の地理的分布から見て、また起きる」「元禄地震、安政二年の東京直下型大地震などの大地震に繰り返し襲われる運命にある」「五〇年以内にこういった大地震が繰り返されることを覚悟しなければならない」と書かれている。

中段は「大地震に襲われた帝都の惨禍」「危険薬品石油などで以前よりもずっと発火や延焼が多くなり」「地下の鉄管による水道の普及によって消防への過信、平常は効力が顕著なため各戸で井戸を埋め消防準備を怠った」「火災保険の普及で消防意識が麻痺」ゆえ「もし大地震が起きて水道鉄管が破壊されたら、帝都の消防能力は全く喪失」「東京市内各地の被害推測をした」「全市消失なら一〇万二〇万の死人も起こりうる」。

そして後段では、地震による発火のもとになる市街地での石油灯を全廃することや地震の揺れで発火しやすい化学薬品の取締など、火災の防止の具体的な防災対策を訴えた。

今村は「後段ではその災害防止の手段を論じたつもり」で防災対策を訴え、「そして最後の部分にもっとも重きを置いた」と書いている。

今村の真意は、将来いつ来るか分からない大地震、なかでも火災の被害に備えよ、ということだった。地震が来ることを予言するのが本意ではなく、防災に力点が置かれていたのである。

しかし新聞は、「消防施設の改良を施さなければ」を無視し、「厄災を免れる手段」も取り上げずに、たんに大地震、大火災、大死傷が来るという一種の予言として書き立てたのである。

こうして今村の真意は理解されることなく、『東京二六新聞』に扇動された地震騒ぎはあっというまに拡がっていった。そして同時に、今村に対する非難もまき上がった。

このため今村の上司だった大森房吉は、『東京二六新聞』に釈明と取消の寄稿を出すように今村に指示することになった。この記事は元記事の三日後の一九日に出た。

記事は「これは雑誌掲載時に『震災を軽減する方案』として出したとおり、地震に備えなかった場合には惨憺たる災害を被ることを描いて、これに備える方法を述べたものだ。しかし、主眼としているこの後段を省いたうえ、丙午と絡めた地震の予言として載せたことは遺憾に堪えない」というものであった。

今村は『東京二六新聞』の二〇年後に次のように書いている。「新聞ではこのはじめの条件、つまり消防施設の改良を施さなければということを削り、さらに、この厄災を免れる手段を削り、たんに大地震大火災大死傷が避けられない運命であるかのような、一種の予言として発表した。自分はこの誤りを直ちに訂正したが、この機会に限らず、民心の不安を惹起するものとして、大きな非難を浴びせられることになったのである」。

3―3 「火消し」に追われた上司、大森房吉教授

『東京二六新聞』一月一九日への今村の寄稿後、『中外商業新報』、一月二四日付けの『萬朝報』の二紙も今村の真意を汲んで、今村に好意的な記事を載せた。このため世論も落ち着きかけた。

しかし情勢は急変した。二月二三日に千葉沖の地震（マグニチュード6・3）で東京は軽震、翌二四日に東京湾の地震（マグニチュード6・4）で強震を感じて横浜で煙突が倒壊するなどの小被害が出て人々が不安に苛まれたとき、中央気象台が発表した

図３　大森房吉。『科学知識・震災号』、科学知識普及会、1923 年から

と偽って「二四日夕方に大地震がある」と病院、役所、図書館、商館などにデマを電話で通知した者がいて、官憲が取締に乗り出す騒ぎになった。せっかく下火になった火の手が、また燃え上がってしまったのだ。

　これを受けて大森は民心沈静のために奔走することになった。そして同時に今村への攻撃を強めることになった。雑誌『太陽』三月号への寄稿や講演などで今村説を「東京大地震の浮説」「例の二十万死傷説」として「すこぶる峻烈を極めた」（今村『地震の征服』から）非難を繰り返した。大森の講演や新聞寄稿はいつも今村説の非難から始まっていた。

　大森はこれらの論説や講演で「東京には今後何百年も安政地震のような大地震はないだろうが、もしあったとしても大火災を起こすことはないだろうし、一〇万の死人を生ずるというのは、まったく学術的な根拠のない浮説にすぎない」と述べている。

　大森が火消しに努めたせいで恐慌は静まった。しかし他方で今村は「市井の間には私利を謀るために浮説を唱えたとされ、友人からは大法螺と嘲けられた」「翌年の夏に帰省したとき、自分に対する非難の数々を転載した地方新聞を読んだ老父がいちいち弁解を求めたのには弱ったが、一年余も老父を心痛せしめたかと思って情けなくもなってきた」という苦境に陥った。

4 今村の予言どおり起きた関東大震災

4―1 大森房吉の失意と悔恨

しかし一九二三（大正一二）年九月一日正午少し前、今村が一八年前に警告していたことが起きた。関東地震（マグニチュード7・9）が起きて神奈川県、東京市、千葉県では今の震度でいえば7（当時の震度階は現在とは違う）という激震に襲われ多数の家が倒壊した。

それだけではなく、各地で出火した火が翌日朝までに東京市の大部分に燃え広がって火災旋風も起き、消防はなすすべもなく、一〇万人以上の死者・行方不明者を出すことになった。これは日本史上最大の地震被害であった。「震災の大部分は火災である。地震の被害は火災が起きることで激増する」という今村の主張通りのことが起きてしまったのである。

大森は学会でオーストラリアに行っていた。地震の報を受けて急遽、船で帰国中に、心労もあったのだろう、脳腫瘍で倒れた。今村は「横浜まで先生の出迎えに行った。上船して面会したが、自分の挨拶に対して、息も苦しげに〝今度の震災については自分は重大な責任を感じている。譴責されても仕方がない。ただし、水道の改良について義務を尽くしたことで自分を慰めている〟と言い終わるか終わらぬうちに嘔吐を始められた。興奮による発作とのことだった。」と記している。

なお、大森が言っている「水道の改良」とは、震災時に水道の鉄管が破損する危険を大森が主唱していたことを指す。

しかし、前に挙げた『太陽』で今村がこの水道管の危険を主張したのに対して、今村説の火消しに懸命だった大森は「幸いにして東京市の道路は広く消防機械も改良されているので、昔のごとき大災害が再現することはなかろうと思います。無闇と恐怖心を抱くには及ばない」と書いた。

それだけではない。大森は以前には「東京のように地震が多い地方で、今後四〇～五〇年に間に大地震があるだろうということは誰でも言えることで、これは地震予知と言うべきではない」と書いていたのに、今村を批判するために「東京地方は今後五〇～六〇年間は大地震に見舞われることはあるまい。但馬一国は今後も大地震を起こすころはないだろう」とまで述べている。つまり、民心を静穏化させるために、大森は自説を曲げて、自分を追いつめてしまったのであった。

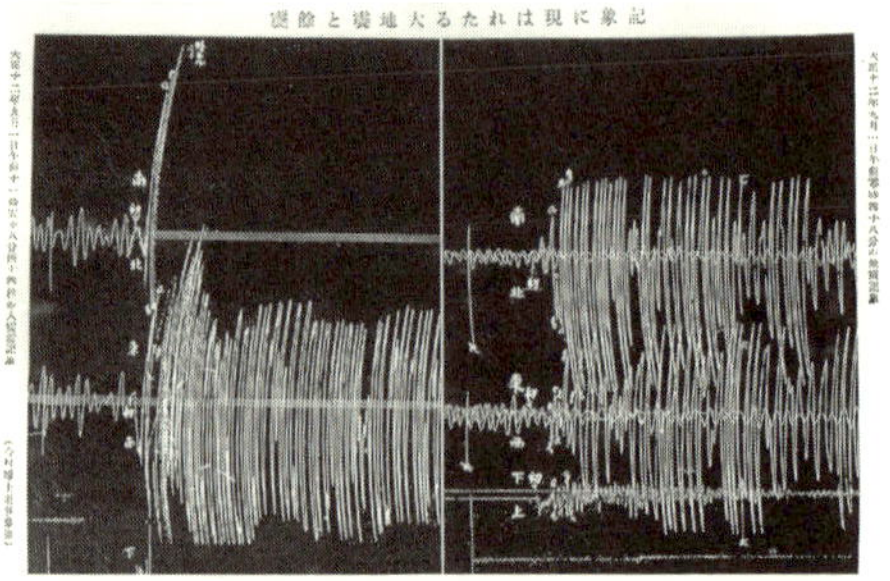

図４：関東地震の地震計による記録。今村明恒が本郷の帝大で記録した。しかし、記録は振り切れてしまっている。『科学知識・震災号』、科学知識普及会、1923年から

図５：関東大震災で燃え尽きてしまった大蔵省。内務省社会局、『大正震災志写真帖』、1926年から。なお、このほかに内務省なども丸焼けになった

大森の病状はその後も回復せず、関東地震後二ヶ月あまりで失意と悔恨のうちに亡くなった。ところで大森が地震が起きないとした但馬でも大森の死後、やはり北但馬地震が起きてしまった。

4―2　東南海地震を「予知」して観測を企画した今村明恒

関東大震災は今村にとっては予測が的中したものだった。しかしもちろん、今村の心が晴れたわけではなかった。

今村は地震後六年経った一九二九年に地震学会の学会誌『地震』に、次のように書いている。

「関東大震災に於いては、其災害を軽減する手段があらかじめ講究せられなかったことは為政者の責任であったろう。

関東大地震の災害の九割五分は火災であった。水道管はあまり強大でない地震によっても破損して用をなさないものであるから、大地震の場合に於いては全然破壊されるものと覚悟しなければならぬ。

このことは大森房吉など科学者が最も力説したところだが、為政者は顧みなかった。筆者は、非常時に於ける消防設備の用意を怠れば大地震に伴う大火災によって市の大部分が焼失し、十萬あるいは二十萬の死者を生じ得べきことを論じ、これを未然に防ぐ手段を講じるよう警告したが、受け入れられなかった。

その予測がたまたま関東大震災の結果とほぼ一致してしまったのは筆者の最も恨みとする所である」。

今村にあれほど非難の矢を浴びせた大森に恨み言を言うでもなく、その業績を持ち上げている。

また、関東大震災の直後に出版された一般向けの本でも「地震学の泰斗大森博士は、震災と消防の関係について深く憂い……警告を発せられた。……自分も大森博士の驥尾に付して、機会あるごとに……」と書いた。

一九二五年に北但馬地震、一九二七年に北丹後地震が発生した。大地震は関東にしか起きないというその頃の俗説は覆されたのであった。今村はその後も積極的に活動した。

図６：関東地震後、続発する余震に怯えて屋外で開かれた初閣議。内務省社会局、『大正震災志写真帖』、1926 年から。なお、左手前で、閣議中も帽子をかぶり腿に手を置いて、いまにも逃げ出せる態勢を取っているのは当時の山本権兵衛首相（伯爵。外相を兼務していた）である

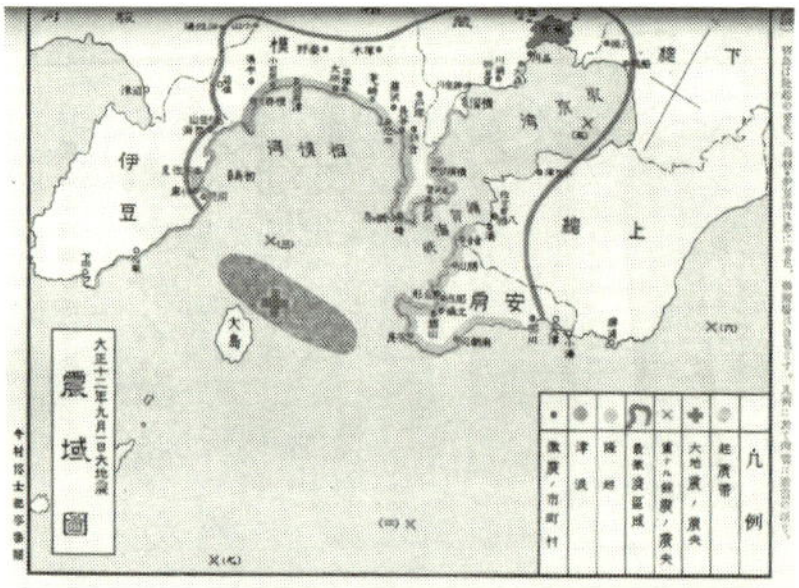

図７：今村明恒が関東地震後に精力的に歩きまわって調べて描いた「震域図」（『科学知識・震災号』、科学知識普及会、1923 年から）

これらの地震を見て、今村は次の大地震は東南海地震だと考えた。ここでは過去に一八五四年、一七〇三年、一六九五年に大地震が繰り返されており、次が近々起きる、というのが今村の考えであった。しかし、具体的な前兆を捉えていたり、次の地震の発生について精密な数値的な予測をしていたわけではない。

これを監視するために一九二八年に和歌山に南海地動研究所を私費で設立した。この観測所はその後、東京大学地震研究所和歌山地震観測所になって、現在でも地震観測が続いている。

一九三一年に今村は東大を六〇歳で定年退職していたが、その後も研究意欲は衰えず、陸地測量部（現在の国土交通省国土地理院）に特別に依頼して、一九四四年に東海地方で水準測量を行っていた。水準測量とは土地の微小な上がり下がりを測る測量で、普通は地図を作るための測量だが、このときは来るべき大地震を予測した今村が地殻変動のデータを集めていたのであった。

4—3　東南海地震も予測どおり起きて

そして、東南海地震も今村が予想したように起きた。一九四四年一二月七日だった。水準測量は、たまたまそのわずか一週間前に、静岡県中部にある掛川から北西に向かって約六キロの区間で行われていた。

測量そのものは、東南海地震の予知には役立たなかった。しかし、測量の途中で意外なことが起きていた。水準測量のような精密な測量では、尺取り虫のように区間を移動しながら測量を進めていくのだが、測量の精度を上げるために、往きだけではなくて、帰りにももう一度測量を続けて、元の地点に戻ったときの誤差を確かめる。元の地点に戻ったときには誤差はゼロになるのが普通だった。

東南海地震が起きたのは一二月七日の一三時三五分だったが、その前の日から当日の午前にかけて、九つの測量区間の二つの区間で、普通の測量では考えられない大きな測量誤差が出てしまって、技師たちは首をひねっていた。その誤差は、ひとつの区間では四三ミリメートル、隣の区間では四八ミリメートル。これは水準測量としては大きすぎる誤差だった。

そして、その直後に大地震が起きたのであった。これが大地震の前兆であったかどうかは現在でも科学者の間で意見が分かれている。しかし現在、東海地震が予知できるという気象庁の根拠にされているのは、じつはこのデータが唯一で、ほかにはないのである。

こうして今村の予想通り一九四四年に志摩半島南東沖を震源として東南海地震（マグニチュード7・9）が起きた。三重、愛知、静岡県を中心に一二〇〇人以上の死者行方不明者を出したほか、航空機産業の中心だったので軍用機の生産に多大な被害を生んだ。「逆神風が吹いた」と言われている。しかし第二次世界大戦中だったために地震の被害の報道は固く伏せられてしまった。新聞の報道も差し止められた。

その後、戦後すぐの一九四六年一二月にも四国南方沖で南海地震（マグニチュード8・0）が起きた。死者行方不明者は一四〇〇人以上、家屋全壊一一〇〇〇戸、半壊二三〇〇〇戸という大きな被害を生んだ。ここでも地震への備えは地震に追いつかなかったのである。

東南海地震を予想して観測を行っていた今村は、東南海地震後には南海地震の発生を警告していたが、防災対策が間に合わず、被害が軽減できなかったことを悔やんだ。

5 当時の地震学にとっての「地震予知」

5—1 今村だけが突出して取り組んだ「地震予知」

じつは今村の時代には「地震予知」という言葉はなかった。地震は「予言」、「予測」、「予報」されるものだったのである。「予言」はもっともあてにならないもので、今村はこのうち、将来起きるべき地震とその被害の「予測」を目指していたのであった。このうち地震の予測は難しいと考えていたが、震災については「私は予言ではなく、確実な見通しを持った予測と言いたい」と書いている。

当時、およびその後しばらくの地震学の教科書や一般書を見ても、「地震予知」の言葉はない。しかし、同じような内容を持つ「地震の予測」についても、当時の地震学者は今村と違って及び腰であった。

地震学者で東北帝大教授だった中村左衛門太郎が一九二四年に著した『地震』では地震の予測についての章も節もなく、わずかに「大地震の前震」という記述が一頁あるだけだ。その内容も、前震かどうかを見分けるのは難しい、と書いた後、前震とも考えられる二つの例を挙げているにすぎない。なお中村も関東大震災の被災者だった。この本のあとがきには、「下大崎の避難所に於いて」とある。

その中村左衛門太郎が一八年後の一九四二年に著した著書『大地震を探る』でも地震の予測についてはわずか四頁を「地震予報の種類」に割いているだけである。そしてその内容は予報一般について述べただけで内容はほとんどない。

また地震学者で一九三三（昭和八）年に東大の地震研究所長になった石本巳四雄が一九三六年に著した『地震とその研究』には地震の予測については章も節もない。

5―2 今村の目的は震災軽減

じつは「予測」には積極的だった今村が地震全般について一九二四年に書いた『地震講話』でも「予知問題」は三頁半、それに比べて「震災軽減問題」は三頁、「震災を避けるべき位置の選定」は七頁、「建築材料」は六頁、「築造法」は一一頁だから、今村自身も「予知」よりは震災の防止に力を入れていたことが分かる。

このほか、今村明恒が一九三七年に英文で書いた地震学一般についての教科書でも、一三章のうちで地震予知に類するものは第四章「いくつかの目立つ地震現象」のなかに前震について書いた三つの節と、第九章「いくつかの巨大地震」のなかの地震前の地殻変動についての一つの節のみである。なお、この本では最後の第一三章を「震災の軽減」に割いている。やはり「予知」よりは震災の防止に力を入れていたのであった。

今村は関東地震も東南海地震も過去の地震歴から「予測」した。けれども、これは現代の言葉で言う「予知」ではない。「いつ、どこで、どのくらいの規模で」起きることを予知することからは遠く、「いつ」ではなく「いずれ」「やがて」「いまに」という程度であった。

正確に「いつ」起きることを予測する技術も理論もなかった。ちなみに、当時だけではなく現在の地震学でもこれは無理である。

このことは今村も十分承知していた。しかし「いずれ」「やがて」「いまに」襲ってくる大地震に備えておくことで震災を軽減しなければならない、というのが今村の信念であった。

一九三三年に起きた昭和三陸地震で津波の大被害が出たときにも、津波の被害地に「津波がここまで来た」という石碑を建てることを提唱して、約二〇〇ヶ所で石碑が建てられた。人々が過去の災害を忘れないためである。

今村の時代には、前に述べたように地震観測点の数も限られていて研究に使えるデータも少なかった。このため地震学の多くの努力は起きてしまった地震の調査に向けられた。この調査を通して今村は火災が出た場合と出なかった場合の区町村ごとの死者数を調べている。その結果、火事が出なければ被害は最小限で済むことを知って火災や延焼の防止を訴えたのである。

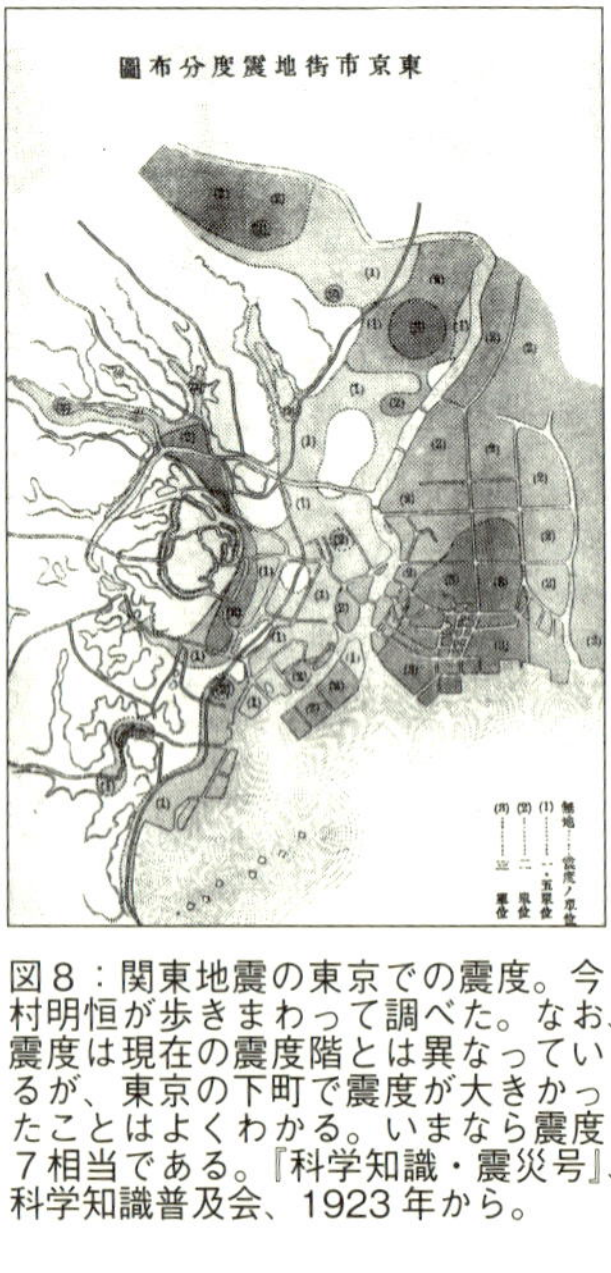

図８：関東地震の東京での震度。今村明恒が歩きまわって調べた。なお、震度は現在の震度階とは異なっているが、東京の下町で震度が大きかったことはよくわかる。いまなら震度７相当である。『科学知識・震災号』、科学知識普及会、1923 年から。

また「いずれ」「やがて」「いまに」ではあったが、「どこで、どのくらいの」地震が起きるかということも過去の地震歴から予想した。これが一九〇五年に発表した関東地震の予想であり、その後の東南海地震の予想であった。しかしすでに述べたように、今村の警告が本意どおりに受けとられなかったのは悲劇であった。

図9：炎上中の警視庁。『大正震災志写真帖』、1926年から。

6 結語

自分が研究していることが少しでも社会に役立つのなら、それを発表して世の中の理解を得たい、というのが今村にとっての強い衝動であった。今村は「二〇年前に東京大地震を予言したのも、惨禍を想像したときに、世間の一時の迷惑や悪評を顧慮することができなくなったからだ」と書いている。

しかし社会への今村の働きかけは素直には受け入れられなかった。むしろ反感を呼んで、言論の機会を失わされた。身体的な危害を与えられかけたことさえあった。

一方大森も一流の研究業績がある科学者であった。だが、確たる証拠がない以上、無用な混乱を避けるべきだという、日本を代表する地震学者として、世間に対する責任感に突き動かされていたのであろう。自説を曲げてまで部下の今村を批判して抹殺しなければならなかったのは大森にとっても悲劇であった。大森は自分で自分を追い込んでしまったのである。

二人の確執は防災への備えを遅らせたばかりではなく、生産的なものをなにも残さなかった。

今村は一九二五（大正一四）年八月二八日の『東京夕刊新聞』に「地震国民が当然持たなければならない地震に対する理解を、どうにかして国民全般に徹底させなくてはならない。自分は民衆ともっとも関係が深い新聞記者及び新聞社から地震を理解する我々の味方を得たいと思っている」と書いた。しかし、大衆を煽るセンセーショナルなメディアは、じつは今村の味方ではなく、そして大森を追い込んだ張本人でもあった。

科学の現状を正確に伝えたり、あるいは地道な震災の対策を訴えるよりは、大衆に媚びて面白おかしく、ときには恐怖を扇動するメディアの悪しき性癖は、じつは現代にまで続いている。

ところで現在の科学からいえば、今村が大地震の繰り返しとして挙げた安政江戸地震は東京直下型の地震で、海溝型の地震である元禄地震や関東地震とは起きた場所もメカニズムも別のグループの地震だった。つまり、これらを同列の地震と考えてはいけなかったのである。もちろん、当時の地震学のレベルから言えば、このことは分かっていなかった。

現在の知識では関東地震の繰り返しは三〇〇年程度に一度と思われている。つまり関東地震が今村の警告後一八年で、つまり「待っている間に」起きたのは偶然だったろう。東南海地震も同じで、それぞれの地震は、あと数十年起きなかった可能性もある。たぶん、今村には科学というよりは、ほとんど動物的ともいうべき勘があったのであろう。

じつは現代でも、地震や噴火の前に、あやふやな根拠でも一般に知らせておいたほうがいいのか、確たる根拠がないならば、無用な混乱やパニックを防ぐために発表しないほうがいいのかというのは、気象庁や学者の頭をよぎる、古くて新しい大問題なのである。

参考文献

今村明恒『地震の征服』南郊社、一九二六年
今村明恒『地震講話』岩波書店、一九二四年
中村左衛門太郎『地震』文化生活研究会、一九二四年
中村左衛門太郎『大地震を探る』河出書房、一九四二年

石本巳四雄、『地震とその研究』古今書院、一九二六年
中央気象台『大正4年12月刊行　地震観測法』一九一五年
科学知識普及会『科学知識・震災号』一九二三年
科学知識普及会『科学知識・震災踏査号』一九二三年
科学知識普及会『科学知識・新年復興号』一九二四年
朝倉義朗『東京大地震史』日本書院、一九二三年
大日本雄弁会講談社『噫！悲絶凄絶空前の大惨事!!　大正大震災大火災』一九二三年
信定瀧太郎『写生図解　大震記』日本評論社出版局、一九二三年
内務省社会局『大正震災志写真帖』一九二六年
Akitune Imamura『Theoretical and Applied Seismology』丸善
和達清夫『地震の顔』自由現代社、一九八三年

註

註1：ここにある「帝国大学」とはいまの東京大学のことである。

註2：日本の気象観測は明治初期から五月雨式に始まっていたが一八八四（明治一七）年から「東京気象台」で全国の天気予報の発表を始めた。一八八七（明治二〇）年に東京気象台を「中央気象台」と改称、当時は内務省に属していた。

一八九五（明治二八）年に文部省に、さらに第二次大戦中の一九四三（昭和一八）年に運輸通信省に移管された。

戦後すぐの一九四五（昭和二〇）年に陸軍気象部など軍の気象部門も統合されて運輸省の配下になり一時は職員数は約七〇〇〇人を優に超えるまで増えた。一九五六（昭和三一）年に「気象庁」になった。

『武蔵野学院大学日本総合研究所研究紀要』第7輯。二〇一〇年三月発行より一部変更して収録

島村英紀（しまむら　ひでき）

1941年東京生まれ。東京大学理学部卒。同大学院修了。理学博士。東大助手、北海道大学助教授、北大教授、CCSS（人工地震の国際学会）会長、北大海底地震観測施設長、北大浦河地震観測所長、北大えりも地殻変動観測所長、北大地震火山研究観測センター長、国立極地研究所長を経て、武蔵野学院大学特任教授。ポーランド科学アカデミー外国人会員（終身）。

自ら開発した海底地震計の観測での航海は、地球ほぼ12周分になる。趣味は1930—1950年代のカメラ、アフリカの民俗仮面の収集、中古車の修理、テニスなど。メールアドレスはshimamura@hot.dog.cx。ホームページは「島村英紀」で検索。

●著書

『地球の腹と胸の内——地震研究の最前線と冒険譚』（講談社出版文化賞受賞）、『地震と火山の島国——極北アイスランドで考えたこと』（産経児童出版文化賞受賞）、『地震をさぐる』（日本科学読物賞受賞）、『地球がわかる50話』（中学国語教科書に文章を採用されたほか、国際交流基金や韓国・台湾・香港・中国の日本語能力試験にも採用された）、『深海にもぐる』（中学国語教科書に文章を採用された）、『日本海の黙示録——「地球の新説」に挑む南極科学者の哀愁』、『地震列島との共生』、『地震学がよくわかる——誰も知らない地球のドラマ』、『「地震予知」はウソだらけ』、『私はなぜ逮捕され、そこで何を見たか。』、『地球環境のしくみ』、『「地球温暖化」ってなに？——科学と政治の舞台裏』、『巨大地震はなぜ起きる——これだけは知っておこう』、『新・地震をさぐる』など多数。著書のいくつかは中国や韓国でも翻訳出版されている。

直下型地震——どう備えるか

2012年3月20日　初版第1刷発行

著者 —— 島村英紀
発行者 — 平田　勝
発行 —— 花伝社
発売 —— 共栄書房
〒101-0065　東京都千代田区西神田2-5-11 出版輸送ビル
電話　03-3263-3813
FAX　03-3239-8272
E-mail　kadensha@muf.biglobe.ne.jp
URL　http://kadensha.net
振替　00140-6-59661
装幀 —— 黒瀬章夫
印刷・製本 - シナノ印刷株式会社

ISBN978-4-7634-0629-3 C0044